Marcel Gruner

Bruchrechnen

Mathematik
Klasse 5/6

Marcel Gruner unterrichtet Mathematik, Physik und Informatik an einem Gymnasium. Daneben ist er an der Johannes Gutenberg-Universität Mainz im Gebiet Angewandte Didaktik der Mathematik tätig. Außerdem ist er stellvertretender Redaktionsleiter der mathematischen Schülerzeitschrift MONOID – Das Mathematikblatt für Mitdenker.

Projektleitung: Juliane Maaß, Berlin
Redaktion: Stefan Giertzsch, Werder (Havel)
Umschlagkonzeption/-gestaltung: Corinna Babylon, Berlin
Layout/technische Umsetzung: krauß-verlagsservice, Ederheim/Hurnheim
Notensatz (S. 26, 27 und 50): Kontrapunkt Satzstudio Bautzen

www.cornelsen.de

1. Auflage 2021

Druck: H. Heenemann, Berlin

ISBN 978-3-589-16710-4

PEFC zertifiziert
Dieses Produkt stammt aus nachhaltig bewirtschafteten Wäldern und kontrollierten Quellen.
www.pefc.de

Inhaltsverzeichnis

Vorwort

Für meine Mutter!

Liebe Kolleginnen und Kollegen,

$\frac{1}{2}$ kg Mehl, eine $\frac{3}{4}$ h, $\frac{1}{8}$ l Milch, in $\frac{1}{7}$ aller Fälle, auf halber Strecke, $\frac{2}{3}$ von ... Brüche spielen tatsächlich eine große Rolle.

Doch leider werden sie von den Schülerinnen und Schülern oft als schwierig empfunden und tatsächlich bereitet die Bruchrechnung vielen von ihnen auch Schwierigkeiten. Daher ist es wichtig, ein gutes Grundverständnis von Brüchen zu schaffen und das Rechnen mit Brüchen gut zu üben. Die Schülerinnen und Schüler müssen Brüche richtig lesen, interpretieren, einordnen und auch im Umgang mit Größen richtig anwenden können. Zudem ist es wichtig und unerlässlich, dass die Schülerinnen und Schülern mit Brüchen sicher und möglichst fehlerfrei rechnen und die entsprechenden Verfahren jederzeit anwenden können. Das Rechnen mit Brüchen ist auch ein Handwerk, das in verschiedenen Gebieten der Mathematik immer wieder eingesetzt und benötigt wird, hier sei nur an die Wahrscheinlichkeitsrechnung erinnert, und nicht nur aufgrund dessen unabdingbar ist.

Im vorliegenden Themenheft sind verschiedene Übungen zusammengefasst. Es gibt Übungen zum Grundverständnis von Brüchen, zum Kürzen und Erweitern sowie natürlich zum Rechnen mit Brüchen. Nicht nur die Aspekte, sondern auch die Art der Aufgaben sind unterschiedlich. Es gibt reine Übungsaufgaben, die schnell eingesetzt werden können, beispielsweise auch in Vertretungsstunden, aber auch Übungen in spielerischer Form sowie Vertiefungen, bei denen die Brüche in einen bestimmten Kontext eingebunden sind.

Gemein ist aber allen Vorschlägen, dass jeweils das Arbeitsblatt zur Verfügung gestellt wird und dieses für den Unterricht kopiert und dort eingesetzt werden kann. Zu jedem Blatt gibt es zusätzlich Anmerkungen und die Lösungen zu den Aufgaben, sofern dies möglich ist.

Bei den Aufgabenstellungen wurde weitestgehend auf gemischte Brüche verzichtet. Diese haben Vor- und Nachteile. Daher muss jede Kollegin und jeder Kollege selbst entscheiden, wie stark er seinen Fokus auf gemischte Brüche legt. Ohne Zweifel sollen Schülerinnen und Schüler gemischte Brüche verstehen und umwandeln können, beim Rechnen können diese aber zusätzliche Schwierigkeiten bereiten. Damit auch Kolleginnen und Kollegen, die gemischte Brüche nicht so stark in den Fokus rücken, die Materialien dieses Themenheftes nutzen können, habe ich auf diese weitestgehend verzichtet.

An dieser Stelle möchte ich mich bei meiner Familie und meinen Freundinnen und Freunden bedanken, die mir in der letzten Zeit mit Rat und vielfältiger Unterstützung zur Seite standen. Vielen Dank!

Nun wünsche ich Ihnen, liebe Kolleginnen und Kollegen, viel Spaß beim Einsetzen der Unterrichtsideen und Arbeitsblätter, ein gutes Gelingen und insgesamt viel Freude gemeinsam mit Ihren Schülerinnen und Schülern.

Marcel Gruner

Übersicht und Hinweise

Thema	Anteile	Kürzen und erweitern	Anordnen/ Vergleichen	Addie- ren	Subtra- hieren	Multipli- zieren	Divi- dieren	Üben	Vertiefen	Lösung	Sozial- form	Bemerkungen und Hinweise
Brüche im Quadrat	×							×		47	EA/PA	Zusatzmaterial: Scheren, Blanco-Papier auch als Erarbeitung möglich
Brüche im Alltag	×	×						×		47	EA/PA	Zusatzmaterial: Scheren (oder vorhanden Karten) auch als Erarbeitung möglich
Gleich und gleich gesellt sich gern … (Brüche im Alltag)	×							×		47	PA/GA	Lernspiel; Zusatzmaterial: Scheren (oder vorhanden Karten)
Gleich und gleich gesellt sich gern … (Kürzen und Erweitern)	×							×		48	PA/GA	Lernspiel; Zusatzmaterial: Scheren (oder vorhanden Karten)
Der goldene Schnitt		×	×						×	48	PA	Zusatzmaterial: Maßbänder oder Gliedermaß-stäbe
Brüche am Zahlenstrahl – Unterricht im Freien			×					×		48	GA	Zusatzmaterial: Kreide, Schnur oder Maßstab, Scheren oder vorbereitete Karten
Würfelaufgaben zur Addition				×				×		48	EA	Zusatzmaterial: Würfel
Zahlenmauern zur Addition				×	(×)			×		48	EA	
Magische Quadrate				×	(×)			×		49	EA	
Musik liegt in der Luft				×					×	50	EA/PA	fächerübergreifend; Zusatzmaterial: Musikbücher
Stammbrüche				×	(×)				×	51	EA	
Subtrahieren					×			×		52	EA	
Rechnen mit Domino-steinen				×	×				×	52	PA	Zusatzmaterial: Scheren, vorbereitete Karten oder Dominosteine
Zahlenmauern zur Multiplikation						×	(×)	×		53	EA	
Kreisrund						×	(×)		×	53	EA/PA	Zusatzmaterial: runde Gegenstände, Lineal, Maßband (oder Faden)
Würfelaufgaben				×	×	×	×	×		54	EA	Zusatzmaterial: Würfel (Hexaeder und möglichst Ikosaeder)
„Ich rechnete schon oft mit Brüchen“				×	×	×	×	×		54	EA	Recherche
Immer weiter…				×	×	×	×	×		54	EA	
Rechentabellen				×	×	×	×	×		55	EA	
Mehr oder weniger				×	×	×	×	×		55	PA/GA	Lernspiel; Zusatzmaterial: Scheren oder vorbereitete Karten
Fehlerteufel				×	×	×	×	×	×	56	EA	

1 | Brüche im Quadrat*

Mathematischer Inhalt:	Anteile angeben
Methode:	Experiment
Art/Funktion:	Erarbeitung oder Übung
Vorschlag Sozialform:	Einzelarbeit oder/später Partnerarbeit
Zusätzliches Material:	blanco DIN-A4-Blätter, Scheren
Bemerkungen:	Die Quadrate, mit denen die Schülerinnen und Schüler arbeiten sollen, lassen sich sehr leicht aus Blanco-Kopierpapier (oder sogar farbigem Kopierpapier) herstellen.
Lösungen:	s. S. 47

DU BRAUCHST

- ein DIN-A4-Blatt
- eine Schere

DAS MUSST DU VORBEREITEN

Schneide aus einem DIN-A4-Blatt ein möglichst großes Quadrat aus.
Bring Deinen Schnittabfall in den Papiermüll.
Ermittle den Mittelpunkt des Quadrates und markiere diesen.

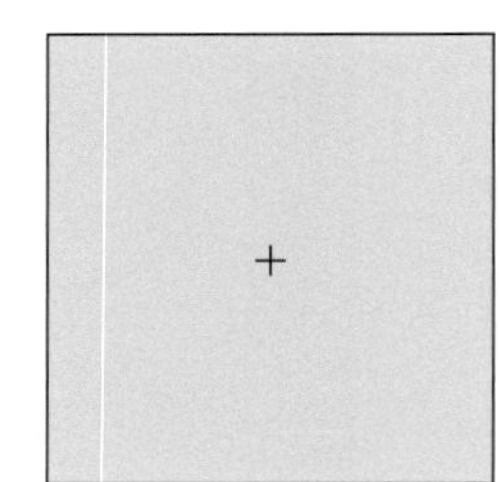

DAS SOLLST DU MACHEN

1. Aus dem Quadrat kannst Du verschiedene Figuren falten. In der folgenden Abbildung siehst Du ein paar Beispiele:

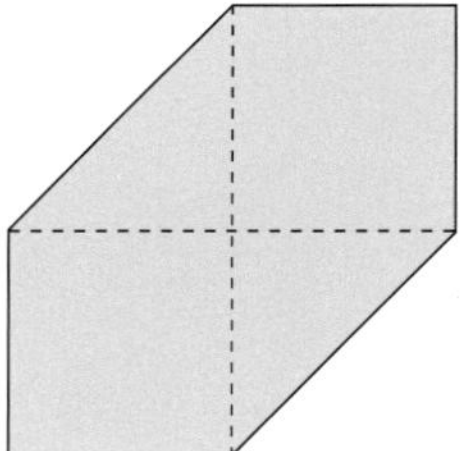

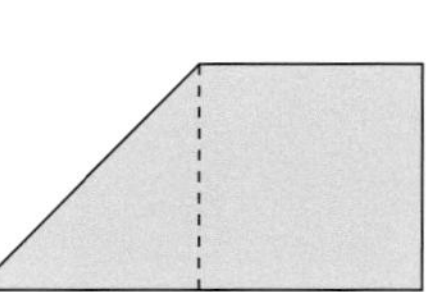

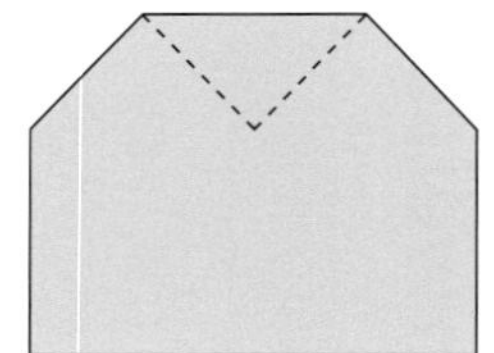

Falte die abgebildeten Figuren nach. Dabei ist schneiden nicht erlaubt. Gib dann jeweils an, welchen Bruch die Figuren darstellen, wenn das ursprüngliche große Quadrat ein Ganzes ist.

Beispiel: Das nebenstehende Dreieck, das durch einmal Falten entlang der Diagonalen entsteht, stellt den Bruch $\frac{1}{2}$ dar.

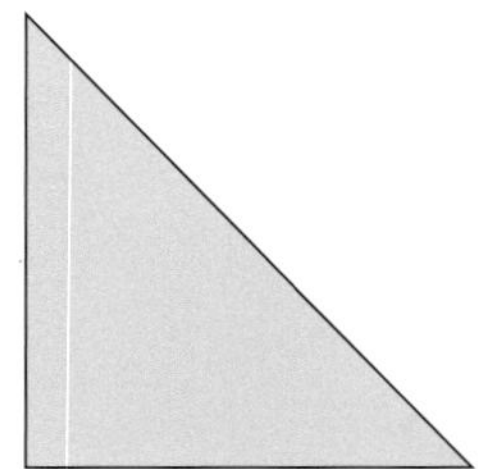

* In Anlehnung an Etzold/Petzschler (2014): Mathe verstehen durch Papierfalten. Verlag an der Ruhr, Mülheim an der Ruhr.

978-3-589-16710-4 | Marcel Gruner | Bruchrechnung – Mathematik, Klasse 5/6

2. Nun sollst Du kreativ werden. Diesmal sind die Brüche vorgegeben: $\frac{1}{8}$, $\frac{7}{8}$ und $\frac{1}{2}$.

   Falte Figuren, die diese Brüche darstellen. Dabei ist schneiden natürlich wieder verboten. Zeichne die Figuren, die Du gefunden hast, in Dein Heft. Versuche jeweils mehr als eine Figur zu finden.

3. Falte nun selbst verschiedene Figuren aus Deinem Quadrat. Lass dann Deinen Nachbarn angeben, welchen Anteil Deine Figur am ursprünglichen großen Quadrat hat. Zeichnet Eure Figuren auf und notiert dazu die Anteile. Folgende Vorlagen können Euch bei den Zeichnungen helfen.

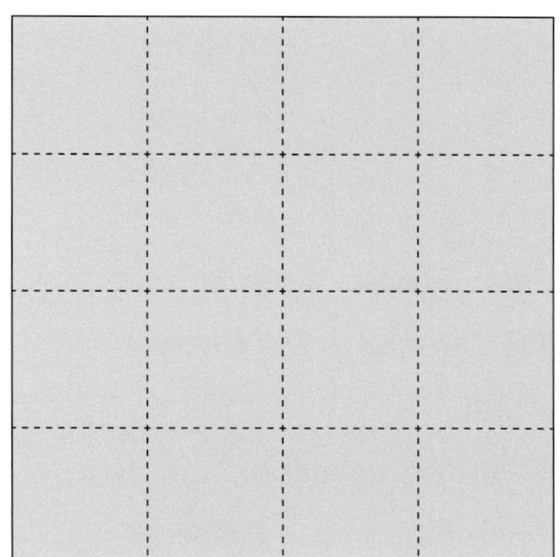

Anteil: —

Anteil: —

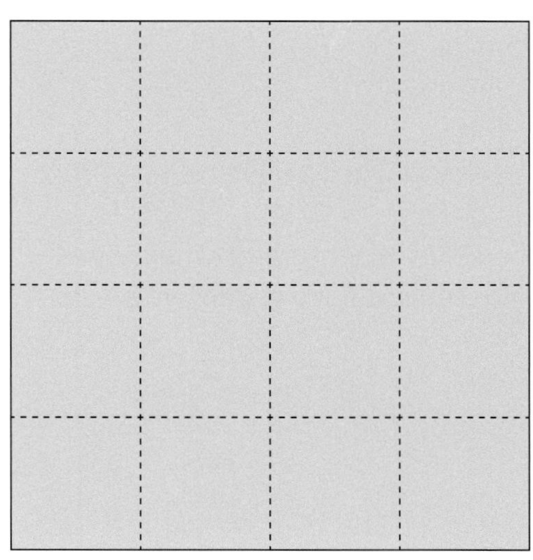

Anteil: —

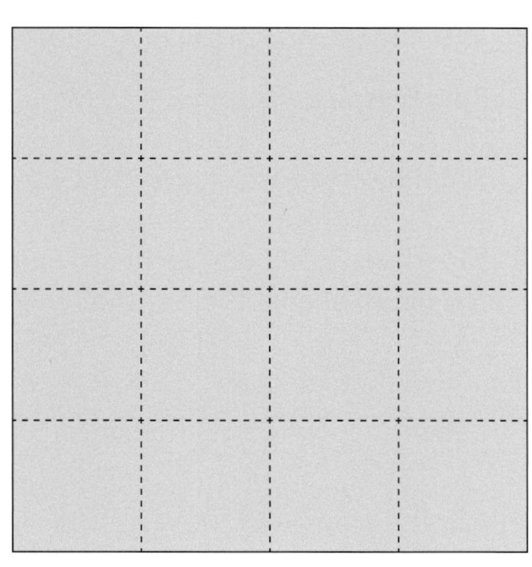

Anteil: —

978-3-589-16710-4 | Marcel Gruner | Bruchrechnung – Mathematik, Klasse 5/6

2 | Brüche im Alltag

Mathematischer Inhalt:	Anteile angeben
Methode:	Text
Art/Funktion:	Erarbeitung oder Übung
Vorschlag Sozialform:	zunächst Einzelarbeit, später Partnerarbeit
Zusätzliches Material:	–
Bemerkungen:	–
Lösungen:	s. S. 47

Sebastian hat Geburtstag und darf 12 Freunde einladen. Es kommen $\frac{2}{3}$ aller Eingeladenen. Unter den anwesenden Gästen sind $\frac{1}{4}$ Mädchen. Von den Jungen kommen $\frac{1}{3}$ um $\frac{1}{4}$ Stunde zu spät.
Sebastians Mutter hat einen Kuchen und 16 Muffins gebacken. Von diesen ist $\frac{1}{2}$ mit Schokolade und Streuseln verziert, vom Rest sind $\frac{1}{2}$ Erdbeermuffins und die übrigen Zitronenmuffins ...

DAS SOLLST DU MACHEN

1. Lies Dir die oben begonnene Geschichte durch. Übersetze dann die in der Geschichte enthaltenen Bruchteile in Angaben ohne Brüche.

   Zum Beispiel: $\frac{3}{4}$ Stunde → 45 Minuten

2. Schreibe eine Fortsetzung der Geschichte. Verwende darin möglichst viele weitere Brüche.

3. Tausche mit Deinem Nachbarn Eure Geschichten. Übersetze in der Fortsetzung Deines Nachbarn ebenfalls die enthaltenen Bruchangaben. Kontrolliert Euch gegenseitig.

978-3-589-16710-4 | Marcel Gruner | Bruchrechnung – Mathematik, Klasse 5/6

3 Gleich und gleich gesellt sich gern ... (Brüche im Alltag)

Mathematischer Inhalt:	Anteile angeben, Größen
Methode:	Lernspiel
Art/Funktion:	Übung
Vorschlag Sozialform:	Partnerarbeit oder Gruppenarbeit
Zusätzliches Material:	Scheren
Bemerkungen:	Die Karten können auch von der Lehrkraft im Vorfeld ausgeschnitten und laminiert werden. So sind sie wiederverwertbar. Die Karten sind so zusammengestellt, dass sowohl nur mit den Karten der Seite 13, als auch nur mit den Karten der Seite 14 oder auch mit allen Karten gespielt werden kann.
Lösungen:	s. S. 48

IHR BRAUCHT

- Scheren

DAS MÜSST IHR VORBEREITEN

Schneidet die Karten aus.

Bringt Euren Schnittabfall in den Papiermüll.

DAS SOLLT IHR MACHEN

Durchmischt die Karten und legt sie verdeckt, also mit der Rückseite nach oben, auf den Tisch. Die Spielerin oder der Spieler, die oder der zuletzt Geburtstag hatte, darf beginnen.

Sie oder er darf zwei Karten umdrehen. Haben beide Größen denselben Wert, dann darf die Spielerin oder der Spieler die beiden Karten behalten und ist noch einmal an der Reihe. Haben die beiden Karten unterschiedliche Werte, ist die Spielerin oder der Spieler rechts neben ihr oder ihm an der Reihe (gespielt wird natürlich in mathematisch positiver Richtung!) und darf zwei Karten umdrehen.

Das Spiel ist zu Ende, wenn alle Karten aufgedeckt sind oder nach einer vorher vereinbarten Zeit.

Gewonnen hat, wer am Ende die meisten Paare gefunden hat.

978-3-589-16710-4 | Marcel Gruner | Bruchrechnung – Mathematik, Klasse 5/6

Gleich und gleich gesellt sich gern … (Brüche im Alltag)

375 ml	$\frac{3}{10}$ l	$\frac{2}{5}$ kg	80 mm
$\frac{4}{5}$ dm	$\frac{3}{4}$ Jahr	300 ml	400 g
3 cm	9 Monate	800 g	9 min
$\frac{3}{8}$ l	$\frac{3}{100}$ m	$\frac{4}{5}$ kg	$\frac{3}{20}$ h
$\frac{1}{10}$ h	300 kg	4 cm	6 min
$\frac{2}{5}$ dm	$\frac{3}{10}$ t	30 s	$\frac{1}{2}$ min

978-3-589-16710-4 | Marcel Gruner | Bruchrechnung – Mathematik, Klasse 5/6

1 cm	50 s	750 kg	$\frac{3}{8}$ km
$\frac{5}{6}$ min	45 min	40 s	$\frac{4}{5}$ t
$\frac{3}{4}$ t	$\frac{1}{8}$ l	750 m	500 m
$\frac{1}{4}$ Jahr	3 Monate	$\frac{1}{10}$ dm	375 m
$\frac{1}{2}$ km	$\frac{1}{3}$ Jahr	$\frac{3}{4}$ h	$\frac{2}{3}$ min
4 Monate	$\frac{3}{4}$ km	800 kg	125 ml

978-3-589-16710-4 | Marcel Gruner | Bruchrechnung – Mathematik, Klasse 5/6

4 Gleich und gleich gesellt sich gern … (Kürzen und Erweitern)

Mathematischer Inhalt:	Kürzen und Erweitern
Methode:	Lernspiel
Art/Funktion:	Übung
Vorschlag Sozialform:	Partnerarbeit oder Gruppenarbeit
Zusätzliches Material:	Scheren
Bemerkungen:	Die Karten können auch von der Lehrkraft im Vorfeld ausgeschnitten und laminiert werden. So sind sie wiederverwertbar. Die Karten sind so zusammengestellt, dass sowohl nur mit den Karten der Seite 13, als auch nur mit den Karten der Seite 14 oder auch mit allen Karten gespielt werden kann.
Lösungen:	s. S. 48

IHR BRAUCHT

- Scheren

DAS MÜSST IHR VORBEREITEN

Schneidet die Karten aus.

Bringt Euren Schnittabfall in den Papiermüll.

DAS SOLLT IHR MACHEN

Durchmischt die Karten und legt sie verdeckt, also mit der Rückseite nach oben, auf den Tisch. Die Schülerin oder der Schüler, die oder der am kleinsten ist, beginnt (oder Ihr einigt Euch auf ein anderes Kriterium). Sie oder er darf zwei Karten umdrehen. Ist der Wert der beiden Brüche gleich, lässt sich also der zweite Bruch durch Kürzen oder Erweitern des anderen erhalten. Kann die Spielerin oder der Spieler die korrekte Erweiterungs-/Kürzungszahl nennen, darf sie oder er die beiden Karten behalten und ist noch einmal an der Reihe. Haben die beiden Brüche unterschiedliche Werte oder die genannte Erweiterungs-/Kürzungszahl ist falsch, ist die Spielerin oder der Spieler rechts neben ihr oder ihm an der Reihe (gespielt wird natürlich in mathematisch positiver Richtung!) und darf zwei Karten umdrehen.

Das Spiel ist zu Ende, wenn alle Karten aufgedeckt sind oder nach einer vorher vereinbarten Zeit.
Gewonnen hat, wer am Ende die meisten Paare gefunden hat.

978-3-589-16710-4 | Marcel Gruner | Bruchrechnung – Mathematik, Klasse 5/6

$\frac{65}{169}$	$\frac{12}{48}$	$\frac{70}{196}$	$\frac{3}{4}$
$\frac{8}{44}$	$\frac{5}{14}$	$\frac{4}{7}$	$\frac{8}{14}$
$\frac{4}{8}$	$\frac{6}{8}$	$\frac{6}{42}$	$\frac{1}{7}$
$\frac{2}{11}$	$\frac{3}{12}$	$\frac{5}{13}$	$\frac{1}{2}$
$\frac{6}{60}$	$\frac{1}{10}$	$\frac{6}{19}$	$\frac{2}{9}$
$\frac{24}{76}$	$\frac{6}{27}$	$\frac{12}{20}$	$\frac{6}{10}$

978-3-589-16710-4 | Marcel Gruner | Bruchrechnung – Mathematik, Klasse 5/6

Gleich und gleich gesellt sich gern … (Kürzen und Erweitern)

$\frac{5}{25}$	$\frac{10}{12}$	$\frac{2}{6}$	$\frac{2}{3}$
$\frac{1}{5}$	$\frac{4}{9}$	$\frac{4}{10}$	$\frac{3}{18}$
$\frac{20}{24}$	$\frac{28}{60}$	$\frac{1}{3}$	$\frac{27}{60}$
$\frac{6}{7}$	$\frac{7}{17}$	$\frac{9}{20}$	$\frac{48}{56}$
$\frac{6}{9}$	$\frac{28}{68}$	$\frac{13}{30}$	$\frac{36}{81}$
$\frac{6}{36}$	$\frac{26}{60}$	$\frac{8}{20}$	$\frac{7}{15}$

978-3-589-16710-4 | Marcel Gruner | Bruchrechnung – Mathematik, Klasse 5/6

5 | Goldener Schnitt

Mathematischer Inhalt:	Kürzen und Erweitern, Brüche vergleichen
Methode:	Experiment (Fächerübergreifender Unterricht)
Art/Funktion:	Vertiefung
Vorschlag Sozialform:	Partnerarbeit
Zusätzliches Material:	Maßbänder oder Gliedermaßstäbe
Bemerkungen:	Die Problematik von Messfehlern und Messtoleranz sollte vorab thematisiert werden. Das Arbeitsblatt kann auch leicht modifiziert eingesetzt werden, wenn Dezimalbrüche bekannt sind. Dann können die Verhältnisse mit Dezimalzahlen ausgedrückt werden.
Lösungen:	keine allgemeine Lösung möglich

Der Goldene Schnitt ist schon seit der Antike bekannt. Unter dem Goldenen Schnitt verstehen wir ein ganz bestimmtes Teilungsverhältnis einer Strecke. Es wird in der Architektur, in der Kunst und vielen anderen Bereichen verwendet.

A M S m B

Die Strecke $\overline{AB}$ wird vom Punkt S im Verhältnis des Goldenen Schnitts geteilt, wenn sich die größere Teilstrecke $\overline{AS}$ zur kleineren Teilstrecke $\overline{SB}$ so verhält, wie die Gesamtstrecke zum größeren Teil.

Es gilt also: $\varphi = \frac{|\overline{AS}|}{|\overline{SB}|} = \frac{|\overline{AB}|}{|\overline{AS}|}$ *oder* $\varphi = \frac{M}{m} = \frac{M+m}{M}$.

Auch am menschlichen Körper lässt sich der Goldene Schnitt finden. Untersuche nun, wie gut sich der Goldene Schnitt in Deinem Körper finden lässt.

IHR BRAUCHT

- Maßband oder Gliedermaßstab

DAS SOLLT IHR MACHEN

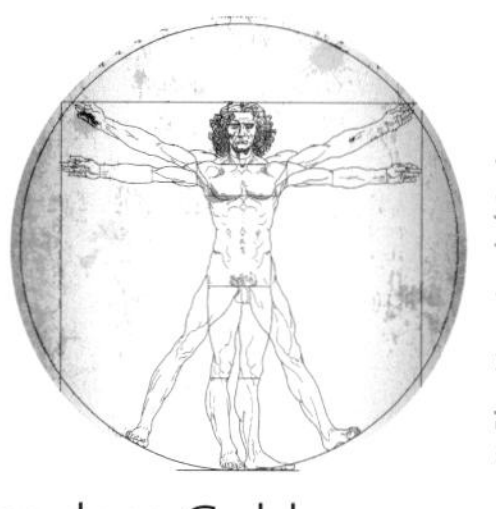

© Shutterstock/Kwirry

1. Messt die in der Tabelle angegebenen Längen und trage die Werte in ganzen cm ein (Spalten M und m). Helft Euch dabei gegenseitig.
2. Ergänzt die Gesamtlänge M + m in ganzen cm.
3. Berechnet die angegebenen Verhältnisse. Zum Vergleichen ist es hilfreich, diese auf einen gemeinsamen Nenner zu erweitern. Dazu sind die zusätzlichen Spalten. Füllt alle Spalten aus.
4. In der letzten Spalte könnt Ihr eintragen, ob die Verhältnisse Eures Körpers dem Goldenen Schnitt entsprechen. Seid dabei nicht zu streng: Aufgrund von Messungenauigkeiten und aus anderen Gründen können die beiden Verhältnisse leicht abweichen und trotzdem sind die Ergebnisse in Ordnung. Entscheide jeweils selbst, wie viel Toleranz Ihr akzeptiert.

978-3-589-16710-4 | Marcel Gruner | Bruchrechnung – Mathematik, Klasse 5/6

978-3-589-16710-4 | Marcel Gruner | Bruchrechnung – Mathematik, Klasse 5/6

Größere Länge	M	Kleinere Länge	m	M + m	$\frac{M}{m}$	(erw.)	$\frac{M+m}{m}$	(erw.)	Ok?
Unterkörper (bis Bauchnabel)		Oberkörper (Bauchnabel bis Hals)							
Oberschenkel und Hüfte (Knie bis Bauchnabel)		Unterschenkel (bis zum Knie)							
Rumpf (Bauchnabel bis Hals)		Kopf und Hals							
Oberarm (Schulter bis Ellenbogen)		Unterarm							
Elle (Ellenbogen bis Handgelenk)		Hand							

6 | Brüche am Zahlenstrahl – Unterricht im Freien

Mathematischer Inhalt:	Anordnen von Brüchen
Methode:	Schulhofmathematik, Erleben, Lernspiel (Wettbewerb)
Art/Funktion:	Übung (nach Anpassung auch als Erarbeitung möglich)
Vorschlag Sozialform:	Gruppenarbeit
Zusätzliches Material:	Kreide, Schnur oder Maßstab zur Hilfe, Scheren
Bemerkungen:	Die Übung findet im Freien (auf dem Schulhof) statt. Bei schlechtem Wetter können auch die Zahlenstrahlen mit Kreppband auf den Boden im Schulgebäude geklebt werden. Die Gruppen können auch im Wettbewerb gegeneinander antreten. Dann werden die Bruchkarten von der Lehrkraft vorgelesen. Eine Schülerin oder ein Schüler jeder Gruppe müssen sich möglichst schnell aufstellen. Die schnellste Gruppe erhält jeweils einen Punkt. Die Karten können auch von der Lehrkraft im Vorfeld ausgeschnitten und laminiert werden. So sind sie dann wiederverwertbar.
Lösungen:	s. S. 48

IHR BRAUCHT

- Kreide
- evtl. Schnur oder Maßstab zur Hilfe (muss aber nicht sein)
- Scheren

DAS MÜSST IHR VORBEREITEN

Tipp: Teilt Euch die Vorbereitungen untereinander auf!

- Schneidet die Bruchkarten aus. Bringt Euren Schnittabfall in den Papiermüll.
- Zeichnet einen Zahlenstrahl auf den Boden des Schulhofs. Zeichnet dazu mit der Kreide eine ca. 8 m lange gerade Linie. Markiert eines der Enden und notiert hier die Zahl 0. Macht nach 5 m eine weitere Markierung und notiert hier die Zahl 1. An das „Ende“ des Zahlenstrahls solltet Ihr noch eine Pfeilspitze zeichnen.

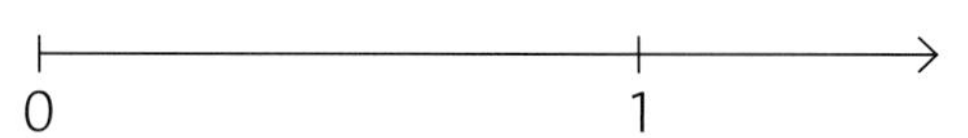

- Mischt die Karten gut durch.

978-3-589-16710-4 | Marcel Gruner | Bruchrechnung – Mathematik, Klasse 5/6

DAS SOLLT IHR MACHEN

1. Jede und jeder von Euch zieht nacheinander eine der verdeckten Bruchkarten vom Stapel. Die übrig gebliebenen Karten werden auf die Seite gelegt (am besten passt eine oder einer von Euch auf die Karten auf, damit sie nicht weggeweht werden).
2. Dann bestimmt sie oder er die Lage des entsprechenden Bruches auf dem Zahlenstrahl. Dazu dürfen weitere sinnvolle Unterteilungen mit Kreide gemacht werden. Alle anderen kontrollieren.
3. Wenn alle Schülerinnen und Schüler richtig stehen, gibt jede und jeder ihre und seine Karte wieder ab, alle Karten werden neu gemischt und Ihr beginnt wieder neu. Ihr könnt natürlich auch erstmal nur die noch nicht verwendeten Karten mischen.
4. *Für schnelle Gruppen:* Wenn Ihr die Übung zweimal mit den Karten gemacht habt, dann stellt Euch selbst Aufgaben. Die Schülerin oder der Schüler, die oder der im letzten Durchgang den Bruch mit dem größten Wert gezogen hatte, beginnt. Sie oder er darf eine Mitschülerin oder einen Mitschüler bestimmen, nennt einen Bruch und die oder der andere muss sich an die entsprechende Stelle stellen. Alle anderen kontrollieren. Sobald Eure Mitschülerin oder Euer Mitschüler richtig steht, darf er oder sie wiederum die Nächste oder den Nächsten bestimmen, nennt einen Bruch und so weiter bis alle auf dem Zahlenstrahl stehen.

978-3-589-16710-4 | Marcel Gruner | Bruchrechnung – Mathematik, Klasse 5/6

$\frac{1}{2}$	$1\frac{1}{2}$	$\frac{1}{3}$	$\frac{2}{3}$
$1\frac{1}{3}$	$\frac{1}{4}$	$\frac{2}{4}$	$\frac{3}{4}$
$\frac{5}{4}$	$\frac{1}{5}$	$\frac{2}{5}$	$\frac{3}{5}$
$\frac{4}{5}$	$\frac{6}{5}$	$\frac{1}{6}$	$\frac{2}{6}$
$\frac{3}{6}$	$\frac{5}{6}$	$1\frac{1}{6}$	$\frac{3}{8}$
$\frac{1}{10}$	$\frac{2}{10}$	$\frac{7}{10}$	$\frac{9}{10}$

978-3-589-16710-4 | Marcel Gruner | Bruchrechnung – Mathematik, Klasse 5/6

7 | Würfelaufgaben zur Addition

Mathematischer Inhalt:	Addieren
Methode:	Lernspiel
Art/Funktion:	Übung
Vorschlag Sozialform:	Einzelarbeit, später Partnerarbeit
Zusätzliches Material:	Würfel
Bemerkungen:	Zum Würfeln können die üblichen Spielwürfel (mit Beschriftung 1 bis 6) verwendet werden. Abwechslungsreichere Aufgaben lassen sich mit „Oktaeder-Würfeln", „10er-Würfeln", „Ikosaeder-Würfeln", … erzielen. Diese sind im Spielwarenhandel erhältlich. Die Brüche können mit einem Würfel (Zähler und Nenner nacheinander) oder mit zwei Würfeln gleichzeitig ermittelt werden. Haben die Würfel unterschiedliche Farben, so kann auch vorab festgelegt werden, welcher Würfel den Zähler und welcher den Nenner angeben soll. Es ist aber auch möglich festzulegen, dass die kleinere Augenzahl der Zähler sein soll (ob dies gewünscht ist, muss jede Kollegin und jeder Kollege selbst festlegen). Werden „Würfel" mit unterschiedlichen Seitenanzahlen verwendet, so bietet es sich an, dass der „Würfel" mit weniger Seitenanzahlen stets den Zähler und der „Würfel" mit mehr Seitenanzahlen stets den Nenner angibt.
Lösungen:	keine allgemeine Lösung möglich

DU BRAUCHST

- zwei Würfel

978-3-589-16710-4 | Marcel Gruner | Bruchrechnung – Mathematik, Klasse 5/6

DAS SOLLST DU MACHEN

1. Wirf beide Würfel. Trage dann die geworfenen Zahlen nacheinander in die unten stehenden Brüche ein. Wenn Du nur einen Würfel hast, dann wirf nacheinander die Zahlen für Zähler und Nenner.
2. Löse anschließend die entstandenen Aufgaben. Notiere dazu auch nötige Zwischenschritte und kürze das Ergebnis jeweils so weit wie möglich.
3. Wenn Du alle Aufgaben berechnet hast, tausche die Blätter mit Deinem Nachbarn und kontrolliert Euch gegenseitig.

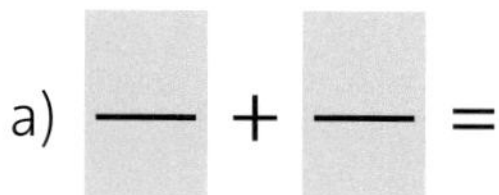

a) — + — =

b) — + — =

c) — + — =

d) — + — =

e) — + — =

f) — + — =

g) — + — =

h) — + — =

i) — + — =

j) — + — =

k) — + — =

l) — + — =

978-3-589-16710-4 | Marcel Gruner | Bruchrechnung – Mathematik, Klasse 5/6

8 | Zahlenmauern zur Addition

Mathematischer Inhalt:	Addieren (Subtrahieren)
Methode:	Zahlenmauern
Art/Funktion:	Übung
Vorschlag Sozialform:	Einzelarbeit
Zusätzliches Material:	–
Bemerkungen:	–
Lösungen:	s. S. 48 f.

Berechne die folgenden Zahlenmauern. In einem Stein der Mauer soll jeweils die Summe der beiden darunterliegenden Steine stehen. Kürze dabei jeweils so weit wie möglich.

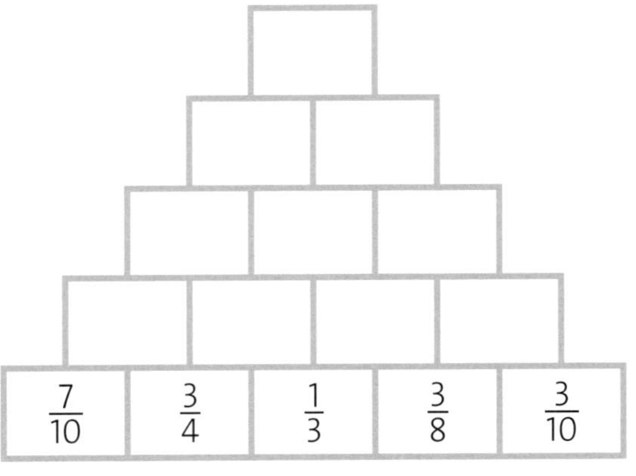

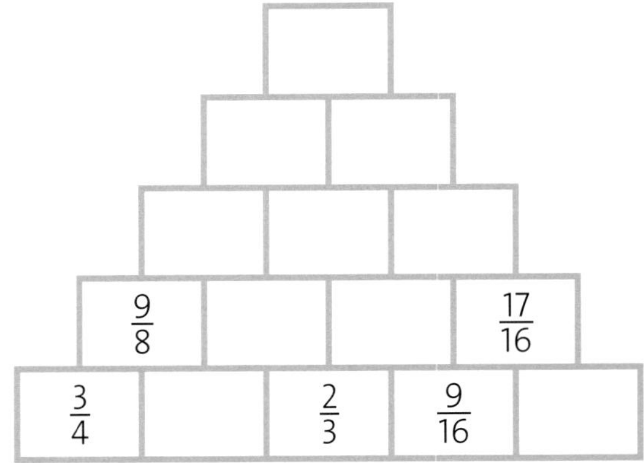

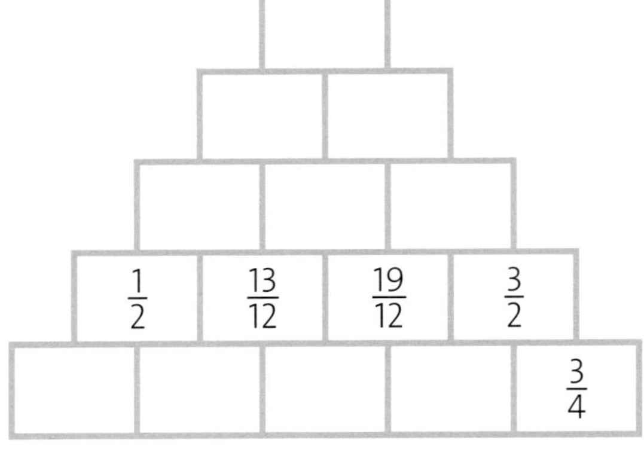

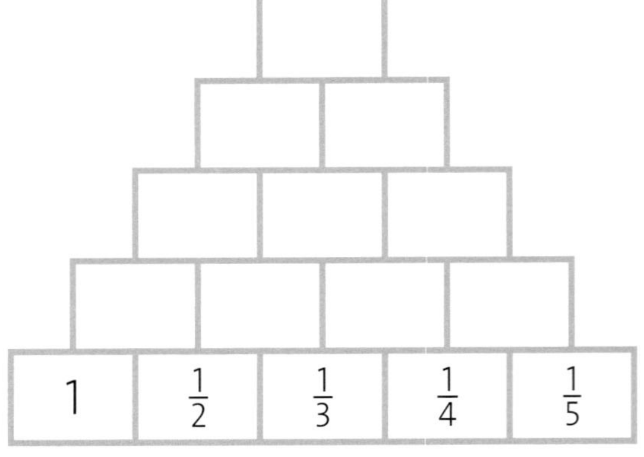

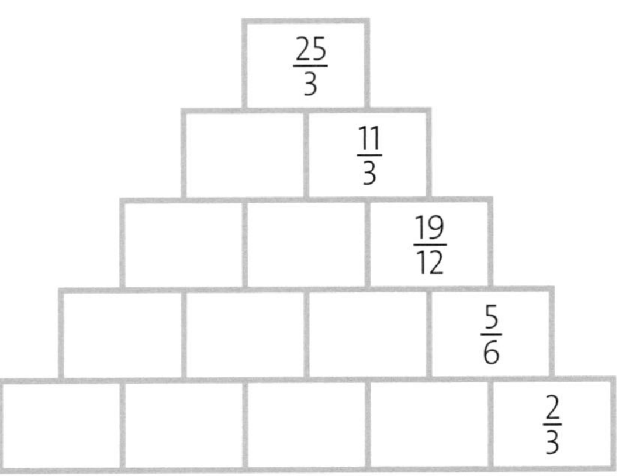

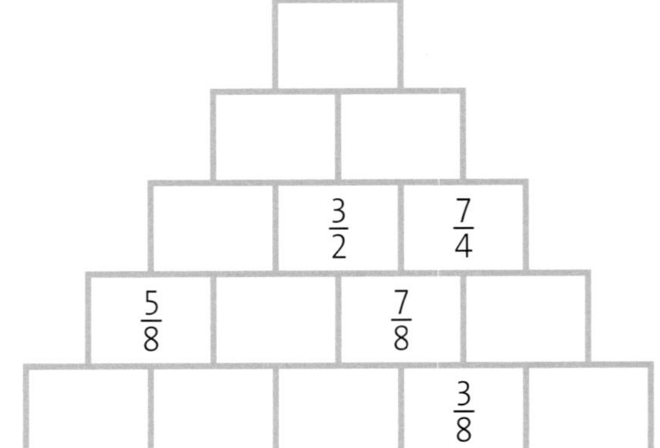

978-3-589-16710-4 | Marcel Gruner | Bruchrechnung – Mathematik, Klasse 5/6

9 | Magische Quadrate

Mathematischer Inhalt:	Addieren (Subtrahieren)
Methode:	Einzelarbeit, Übung
Art/Funktion:	Übung/Vertiefung
Vorschlag Sozialform:	Einzelarbeit
Zusätzliches Material:	–
Bemerkungen:	Beim 3 × 3-Quadrat muss im mittleren Feld $\frac{1}{3}$ der magischen Summe stehen.
Lösungen:	s. S. 49 f.

Ein *magisches Quadrat* ist eine quadratische Anordnung von Zahlen, bei der alle Zahlen in jeder horizontalen Zeile, jeder vertikalen Spalte und auf den beiden Diagonalen immer dieselbe Summe ergeben. Diese Summe heißt die *magische Zahl*.

1. Überprüfe bei den folgenden Quadraten, ob es sich um magische Quadrate handelt. Gib in diesen Fällen auch die magische Zahl an.
   Hinweis: Nicht alle angegebenen Quadrate sind auch tatsächlich magische Quadrate.

$\frac{3}{4}$	$\frac{1}{8}$	1
$\frac{7}{8}$	$\frac{5}{8}$	$\frac{3}{8}$
$\frac{1}{4}$	$\frac{9}{8}$	$\frac{1}{2}$

$\frac{2}{3}$	$\frac{1}{4}$	$\frac{1}{3}$
$\frac{1}{12}$	$\frac{5}{12}$	$\frac{3}{4}$
$\frac{1}{2}$	$\frac{7}{12}$	$\frac{1}{6}$

$\frac{1}{12}$	$\frac{7}{6}$	$\frac{5}{4}$	$\frac{1}{3}$
1	$\frac{7}{12}$	$\frac{1}{2}$	$\frac{3}{4}$
$\frac{2}{3}$	$\frac{11}{12}$	$\frac{5}{6}$	$\frac{5}{12}$
$\frac{13}{12}$	$\frac{1}{6}$	$\frac{1}{4}$	$\frac{5}{8}$

$\frac{4}{15}$	$\frac{1}{20}$	$\frac{1}{30}$	$\frac{13}{30}$
$\frac{1}{12}$	$\frac{1}{6}$	$\frac{11}{60}$	$\frac{2}{15}$
$\frac{3}{20}$	$\frac{1}{10}$	$\frac{5}{6}$	$\frac{5}{12}$
$\frac{1}{15}$	$\frac{1}{4}$	$\frac{7}{30}$	$\frac{1}{60}$

978-3-589-16710-4 | Marcel Gruner | Bruchrechnung – Mathematik, Klasse 5/6

2. Vervollständige nun die folgenden Quadrate so, dass jeweils ein magisches Quadrat entsteht.

		1
	$\frac{5}{4}$	
$\frac{3}{2}$		$\frac{1}{2}$

$\frac{4}{5}$	$\frac{9}{5}$	$\frac{2}{5}$
		$\frac{6}{3}$

$\frac{2}{15}$		$\frac{1}{6}$	$\frac{8}{15}$
$\frac{1}{2}$	$\frac{1}{5}$	$\frac{1}{3}$	$\frac{1}{10}$
	$\frac{2}{5}$	$\frac{4}{14}$	

		$\frac{1}{10}$	$\frac{1}{3}$
$\frac{7}{30}$		$\frac{1}{5}$	
	$\frac{3}{10}$		$\frac{2}{15}$
$\frac{1}{6}$	$\frac{4}{15}$	$\frac{2}{5}$	

3. Überlege Dir nun selbst magische Quadrate.
Tipp: Es ist einfacher, wenn Du zunächst mit einem gemeinsamen Nenner für alle Felder beginnst und erst am Ende die Brüche, sofern möglich, kürzt.

978-3-589-16710-4 | Marcel Gruner | Bruchrechnung – Mathematik, Klasse 5/6

10 | Musik liegt in der Luft

Mathematischer Inhalt:	Addieren
Methode:	Fachübergreifender Unterricht
Art/Funktion:	Vertiefung
Vorschlag Sozialform:	Einzelarbeit, später Partnerarbeit
Zusätzliches Material:	Musikbücher (von Schülern mitbringen lassen)
Bemerkungen:	–
Lösungen:	s. S. 50 f.

Werden Musikstücke aufgeschrieben, so muss für jeden Ton notiert werden, wie hoch oder tief dieser Ton ist, und auch, wie lange er erklingen soll. Um die Tonlänge zu notieren, werden verschiedene Notenwerte verwendet. Auch für Pausen muss die Länge notiert werden.

Es gibt folgende Noten- und Pausenwerte:

$\frac{1}{1}$ $\frac{1}{2}$ $\frac{1}{4}$ $\frac{1}{8}$ $\frac{1}{16}$ $\frac{1}{32}$ $\frac{1}{64}$ $\frac{1}{128}$

Daneben gibt es auch noch *punktierte* Noten und Pausen. Bei einem Punkt hinter der Note wird der Notenwert jeweils um die Hälfte verlängert, der Ton wird also um die Hälfte seines eigenen Wertes länger gespielt.

1. Musikstücke werden mithilfe von Takten gegliedert und so strukturiert. In einem Takt werden (in der Regel) mehrere Noten zusammengefasst, die insgesamt zusammen eine vorgegebene immer selbe Länge ergeben. Bei einem $\frac{4}{4}$-Takt haben also alle Noten zusammen die Länge von vier Viertelnoten.

   Beispiel: führt zu $\frac{1}{4}+\frac{1}{4}+\frac{1}{4}+\frac{1}{4}=\frac{1+1+1+1}{4}=\frac{4}{4}$.

978-3-589-16710-4 | Marcel Gruner | Bruchrechnung – Mathematik, Klasse 5/6

2. Sicher kennst Du das Lied „Das Wandern ist des Müllers Lust“:

Finde verschiedenen Möglichkeiten, wie die Takte gefüllt sind. Notiere jeweils die passende Additionsaufgabe und löse diese anschließend mit allen nötigen Zwischenschritten. Ergibt sich wirklich jeweils der richtige Takt?

3. Beim ersten und letzten Takt sollte Dir etwas aufgefallen sein. Informiere Dich über Auftakt und erkläre Dein Ergebnis damit.

Zöllner, C. F. (1844): Des Müllers Lust und Leid in sechs Gesängen aus der schönen Müllerin von Wilhelm Müller für vier Männerstimmen componirt, S. 3. Leipzig: Friedlein & Hirsch.

978-3-589-16710-4 | Marcel Gruner | Bruchrechnung – Mathematik, Klasse 5/6

4. Das folgende Lied ist im $\frac{4}{4}$-Takt geschrieben. Doch leider fehlen die Taktstriche.
   Setze die fehlenden Taktstriche. Rechne dazu jeweils im Kopf, nach wie vielen Noten und Pausen ein Takt vollständig ist.

Erk, L./Böhme, F.M. (Hrsg.) (1893): Deutscher Liederhort. Bd. 3, S. 357f. (Nr. 1512). Leipzig: Breitkopf und Härtel.

5. Suche in Deinem Musikbuch weitere Beispiele. Vielleicht findest Du dabei auch noch weitere Taktarten.
   Schreibe verschiedene Takte heraus. Tausche dann mit Deinem Nachbarn und lass ihn die zugehörigen Additionsaufgaben notieren und lösen.

978-3-589-16710-4 | Marcel Gruner | Bruchrechnung – Mathematik, Klasse 5/6

11 | Stammbrüche

Mathematischer Inhalt:	Addieren
Methode:	Einzelarbeit, Übung
Art/Funktion:	Übung/Vertiefung
Vorschlag Sozialform:	Einzelarbeit
Zusätzliches Material:	–
Bemerkungen:	Fibonacci formulierte 1202 im Liber abaci einen Algorithmus, mit dem sich eine Darstellung mit Stammbrüchen finden lässt: *Spalte vom Bruch $\frac{Zähler}{Nenner} = \frac{Z}{N}$ den größtmöglichen Stammbruch $\frac{1}{k}$ ab (k sollte also möglichst klein sein), sodass der Rest $\frac{Z}{N} - \frac{1}{n}$ nicht negativ ist. Wiederhole das Abspalten dann mit dem Rest.* *Der größtmögliche Stammbruch lässt sich finden, indem das kleinste Vielfache kZ des Zählers Z gesucht wird, das gerade noch größer als der Nenner N ist. Der benötigte Stammbruch ist dann der gekürzte Bruch $\frac{Z}{kZ} = \frac{1}{k}$.* Dies könnte vorab mit den Schülern thematisiert werden oder dieser Algorithmus als Hilfe zur Verfügung gestellt werden. Vorab kann auch begründet werden, warum nur Brüche mit ungeradem Nenner aufgelistet sind. Das ist nicht zwangsläufig allen Schülerinnen und Schülern klar.
Lösungen:	s. S. 51

Schon im antiken Ägypten waren Brüche bekannt. Die Ägypter verwendeten aber außer für den Bruch $\frac{2}{3}$ ausschließlich Stammbrüche. Das sind Brüche mit Zähler 1, also $\frac{1}{2}, \frac{1}{3}, \frac{1}{4}, \ldots$

Es gab auch überhaupt nur für $\frac{2}{3}$ und die Stammbrüche Hieroglyphen. Daher mussten die anderen Anteile jeweils als Summe von Stammbrüchen dargestellt werden. Eine wichtige Regel dabei war, dass nicht mehrmals derselbe Stammbruch verwendet wird, sondern nur Brüche mit unterschiedlichen Nennern. Es war also nicht erlaubt den Bruch $\frac{2}{45}$ als Summe $\frac{2}{45} = \frac{1}{45} + \frac{1}{45}$ zu schreiben. Stattdessen nutzten die Ägypter die Darstellung $\frac{2}{45} = \frac{1}{30} + \frac{1}{90}$.

978-3-589-16710-4 | Marcel Gruner | Bruchrechnung – Mathematik, Klasse 5/6

DAS SOLLST DU MACHEN

1. Finde für die Brüche mit Zähler 2 jeweils Darstellungen als Summe von Stammbrüchen. Versuche dabei, möglichst wenig Stammbrüche, also möglichst wenig Summanden, zu verwenden.

2. Wenn Du zu den unten angegebenen Brüchen solche Darstellungen gefunden hast, suche für weitere Brüche solche Darstellungen. Du kannst entweder für Brüche mit Zähler 2 und größeren Nennern als den unten angegebenen solche Stammbruchsummendarstellungen suchen oder auch für Brüche mit anderen Zählern.

Bemerkungen: Manchmal benötigt Ihr auch mehr als zwei Stammbrüche. Die Nenner können teilweise auch recht groß werden.

$\frac{2}{3} =$

$\frac{2}{5} =$

$\frac{2}{7} =$

$\frac{2}{9} =$

$\frac{2}{11} =$

$\frac{2}{13} =$

$\frac{2}{15} =$

$\frac{2}{17} =$

$\frac{2}{19} =$

$\frac{2}{21} =$

$\frac{2}{23} =$

$\frac{2}{25} =$

$\frac{2}{27} =$

$\frac{2}{29} =$

$\frac{2}{31} =$

$\frac{2}{33} =$

$\frac{2}{35} =$

$\frac{2}{37} =$

978-3-589-16710-4 | Marcel Gruner | Bruchrechnung – Mathematik, Klasse 5/6

12 | Subtrahieren

Mathematischer Inhalt:	Subtrahieren
Methode:	Einzelarbeit, Übung
Art/Funktion:	Übung
Vorschlag Sozialform:	Einzelarbeit
Zusätzliches Material:	–
Bemerkungen:	–
Lösungen:	s. S. 52

DAS SOLLST DU MACHEN

1. Erkläre, wie zwei Brüche subtrahiert werden. Die beiden Brüche sollen unterschiedliche Nenner haben. Verdeutliche die Regel auch an einem selbst gewählten Beispiel.

2. Berechne und kürze das Ergebnis jeweils so weit wie möglich:

   a) $\frac{1}{2} - \frac{1}{6}$

   b) $\frac{2}{5} - \frac{7}{20}$

   c) $\frac{3}{4} - \frac{1}{6}$

   d) $\frac{17}{25} - \frac{7}{15}$

   e) $\frac{5}{6} - \frac{4}{7}$

   f) $\frac{11}{17} - \frac{7}{11}$

3. Fülle die Tabelle aus:

Minuend	$\frac{19}{50}$	$\frac{3}{4}$			$\frac{17}{30}$	$\frac{11}{12}$		$\frac{13}{10}$	$\frac{7}{10}$	$\frac{1}{3}$	$\frac{7}{10}$	
Subtrahend	$\frac{7}{30}$	$\frac{2}{5}$	$\frac{2}{25}$	$\frac{3}{8}$	$\frac{17}{30}$		$\frac{11}{25}$	$\frac{4}{25}$				$\frac{1}{4}$
Differenz			$\frac{1}{25}$	$\frac{1}{4}$		$\frac{41}{60}$	$\frac{1}{2}$		$\frac{1}{2}$	$\frac{1}{21}$	$\frac{33}{50}$	$\frac{5}{8}$

978-3-589-16710-4 | Marcel Gruner | Bruchrechnung – Mathematik, Klasse 5/6

13 | Rechnen mit Dominosteinen

Mathematischer Inhalt:	Addieren, Subtrahieren
Methode:	Lernspiel (Domino)
Art/Funktion:	Übung, Knobeln
Vorschlag Sozialform:	Partnerarbeit
Zusätzliches Material:	Scheren (falls vorhanden Domino-Spiel)
Bemerkungen:	Die Karten können auch von der Lehrerin oder dem Lehrer im Vorfeld ausgeschnitten und laminiert werden. So sind sie dann wiederverwertbar. Schöner ist es natürlich, die Übung mit echten Domino-Spielen durchzuführen, wenn diese in entsprechender Anzahl zur Verfügung stehen. Unter Umständen können solche Spiele auch als vorbereitende Hausaufgabe von den Schülerinnen und Schülern mitgebracht werden. Der Domino-Stein, der auf beiden Teilen den Wert 0 hat, muss dann aus dem Spiel genommen werden. Es können auch insgesamt alle Steine, die eine 0 tragen, aussortiert werden, um die ganz einfachen Aufgaben zu vermeiden.
Lösungen:	s. S. 52

Sicher kennt Ihr alle das Spiel Domino. Hier bekommt jeder Spieler Dominosteine, auf denen jeweils zwei Zahlen dargestellt sind – in der Regel mit Punkten wie auf einem Spielwürfel. Diese Steine sollen dann so zu einer Kette zusammengelegt werden, dass jeweils gleiche Zahlen nebeneinanderliegen.

Doch Lehrerinnen und Lehrer kommen ja manchmal auf seltsame Ideen. Und so sollt Ihr nun mit den Dominosteinen rechnen. Wie das geht, wird Euch weiter unten erklärt.

IHR BRAUCHT

- eine Schere
- Falls Ihr ein echtes Dominospiel habt: Noch besser – benutzt dieses! Dann spart Ihr Euch auch das Ausschneiden.
  Allerdings müsst Ihr dann den Stein, der auf beiden Teilen den Wert 0 hat, aussortieren. Ihr könnt aber auch gerne alle Steine, die eine 0 tragen, aussortieren (auch aus der Papiervorlage).

DAS MÜSST IHR VORBEREITEN

- Schneidet die Dominosteine entlang der dicken Linien aus.
- Bringt Euren Schnittabfall in den Papiermüll.

978-3-589-16710-4 | Marcel Gruner | Bruchrechnung – Mathematik, Klasse 5/6

DAS SOLLT IHR MACHEN

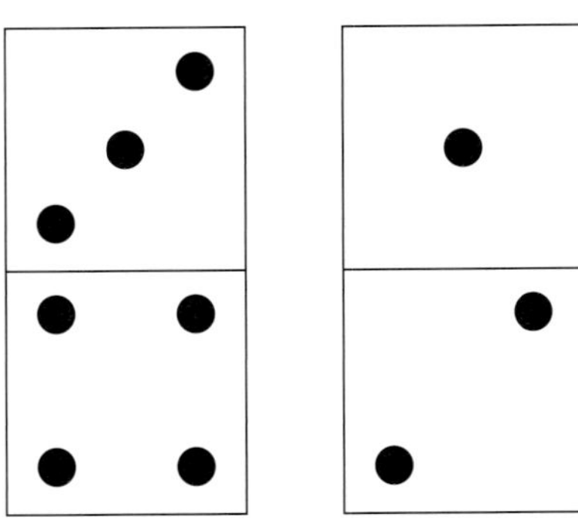

1. Legt die Dominosteine verdeckt auf den Tisch.
   Zieht dann nacheinander zwei Steine und legt diese aufrecht nebeneinander, also so, dass jeweils die beiden Zahlen des Steines übereinanderliegen. Legt die Steine so hin, wie Ihr sie aufgenommen habt. Ausnahme: Wenn der Stein einmal die Zahl 0 trägt legt ihn immer so hin, dass die 0 oben ist.
   Diese beiden Dominosteine stellen jetzt jeweils einen Bruch dar, in der Abbildung sind das die Brüche $\frac{3}{4}$ und $\frac{1}{2}$.

   Berechnet nun die Summe und wenn möglich auch die Differenz der beiden Brüche, also zum Beispiel:

   $\frac{3}{4} + \frac{1}{2} = \frac{3}{4} + \frac{2}{4} = \frac{5}{4} \left(= 1\frac{1}{4}\right)$ und $\frac{3}{4} - \frac{1}{2} = \frac{3}{4} - \frac{2}{4} = \frac{1}{4}$.

   Wiederholt das Ziehen und Berechnen mehrfach. Dabei könnt Ihr zunächst die bereits gezogenen Steine zur Seite legen, bis Ihr alle einmal verwendet habt oder direkt wieder verdeckt zu den anderen Steinen legen. Vergesst dann aber das Mischen nicht.
   Kontrolliert Eure Ergebnisse gegenseitig.

2. Karin und Sophia sitzen einander gegenüber.
   Sie haben zwei Steine gezogen und auf den Tisch gelegt.

   Karin sieht folgende Kombination:

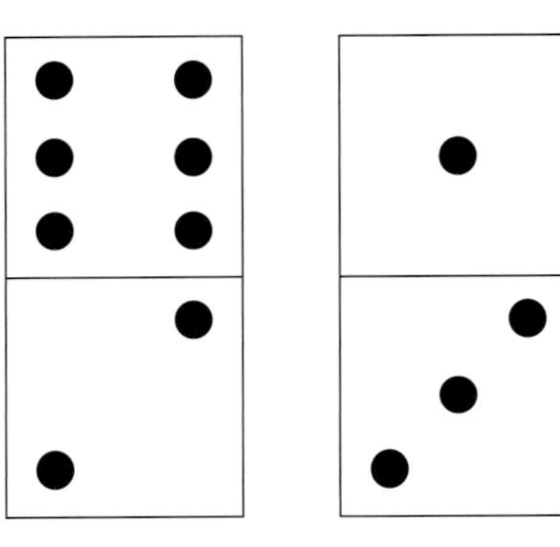

   Sophia, die ihr ja gegenübersitzt, sieht hingegen folgende Kombination:

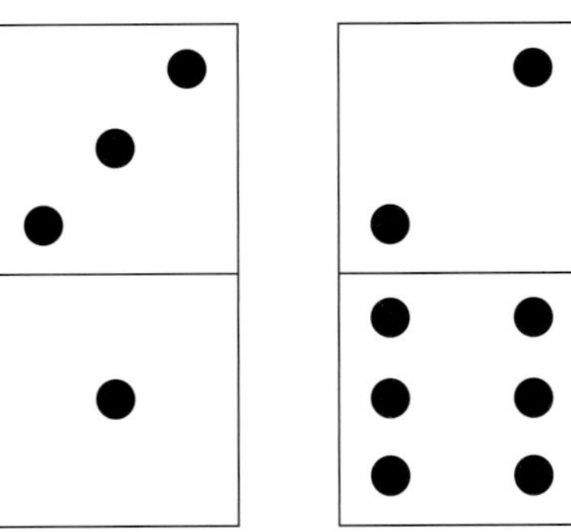

   a) Als sie jeweils die Summe und die Differenz zu der für sie sichtbare Aufgabe berechnen, machen Karin und Sophia eine Entdeckung. Welche?
   b) Es gibt noch andere Dominostein-Kombinationen mit dieser Eigenschaft. Gebt alle diese Kombinationen an.
   c) Formuliert nun eine Regel: Wie müssen die beiden Steine zusammenhängen, damit diese Entdeckung gemacht werden kann?

978-3-589-16710-4 | Marcel Gruner | Bruchrechnung – Mathematik, Klasse 5/6

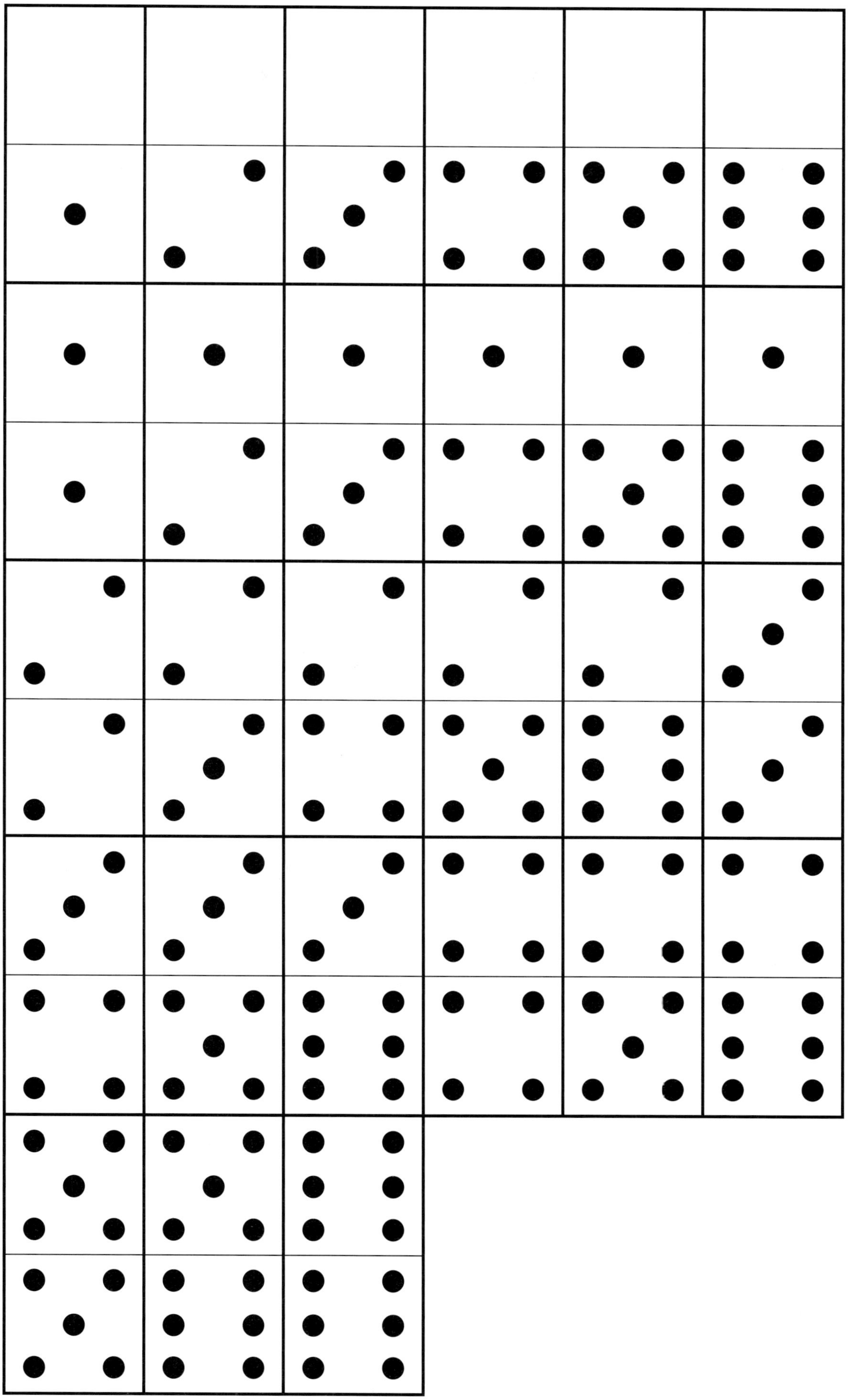

978-3-589-16710-4 | Marcel Gruner | Bruchrechnung – Mathematik, Klasse 5/6

14 | Zahlenmauern zur Multiplikation

Mathematischer Inhalt:	Multiplizieren (Dividieren)
Methode:	Zahlenmauern
Art/Funktion:	Übung
Vorschlag Sozialform:	Einzelarbeit
Zusätzliches Material:	–
Bemerkungen:	–
Lösungen:	s. S. 53

Berechne die folgenden Zahlenmauern. In einem Stein der Mauer soll jeweils das Produkt der beiden Steine stehen, die sich direkt unter diesem Stein befinden. Kürze dabei in jedem Schritt jeweils so weit wie möglich.

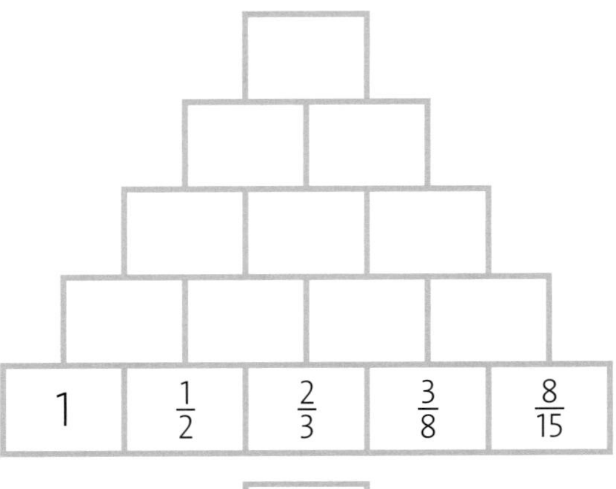

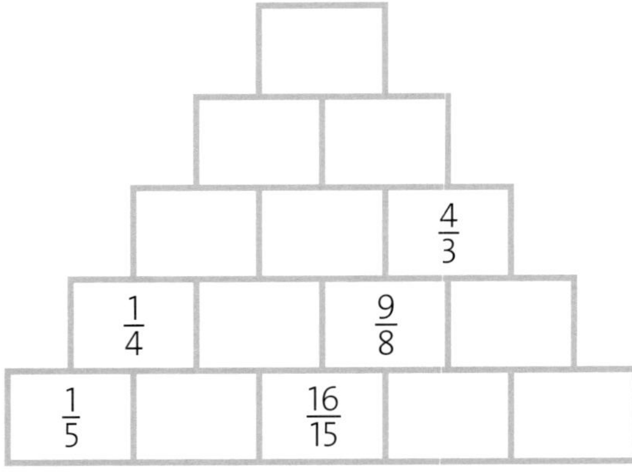

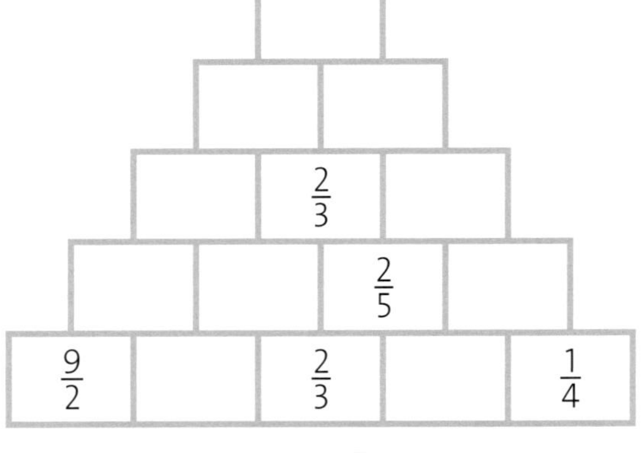

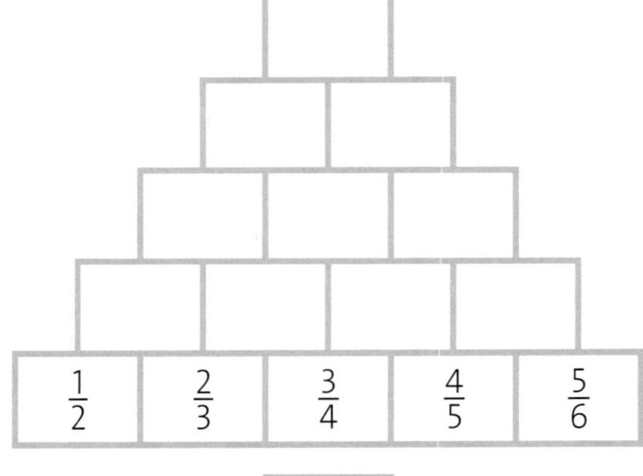

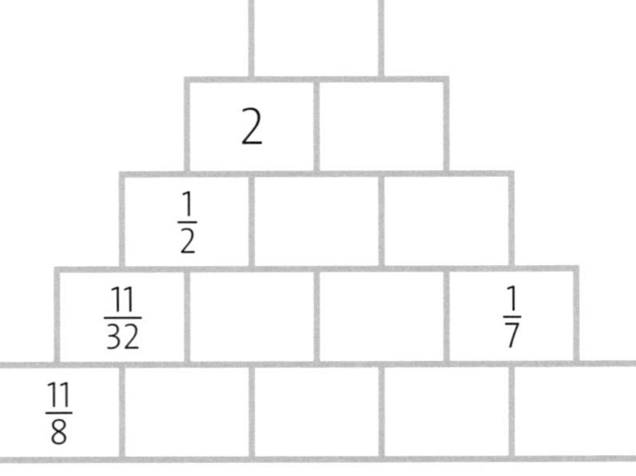

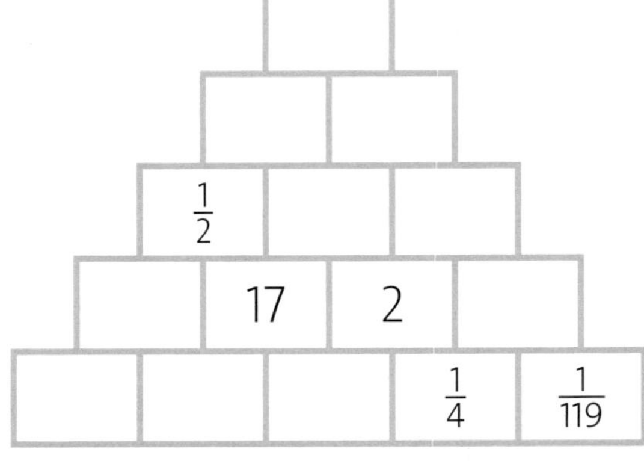

978-3-589-16710-4 | Marcel Gruner | Bruchrechnung – Mathematik, Klasse 5/6

15 | Kreisrund

Mathematischer Inhalt:	Multiplizieren, Dividieren
Methode:	Experiment
Art/Funktion:	Übung (Vertiefung)
Vorschlag Sozialform:	Einzelarbeit oder Partnerarbeit
Zusätzliches Material:	verschiedene runde Gegenstände (zum Beispiel Teller, Trinkasche, ...), Lineal, Maßband (oder ggf. einen Faden)
Bemerkungen:	Die runden Gegenstände müssen entweder von der Lehrerin bzw. dem Lehrer oder den Schülerinnen und Schülern mitgebracht werden. Die Problematik von Messfehlern und Messtoleranz sollte bei der gemeinsamen Auswertung thematisiert werden.
Lösungen:	s. S. 53 f.

Bereits Archimedes, ein griechischer Mathematiker der Antike, fand heraus, dass der Umfang eines Kreises immer ungefähr $3\frac{1}{7}$-mal so groß wie sein Durchmesser ist. Und das gilt für alle Kreise, sowohl für kleine Kreise als auch für ganz große Kreise.

DU BRAUCHST

- verschiedene runde Gegenstände (zum Beispiel Teller, Trinkasche, ...)
- Lineal
- ein Maßband (oder ggf. einen Faden), um den Umfang messen zu können

DAS SOLLST DU MACHEN

1. Miss mit dem Lineal den Durchmesser von verschiedenen runden Gegenständen und trage die Werte in die Tabelle ein.
   Berechne zunächst den Umfang, der sich laut dem Wissen der antiken Griechen ergibt. Miss anschließend den Umfang nach. Hierbei ist ein Maßband, das Du rund um den Gegenstand legen kannst, sehr hilfreich.

Gegenstand	Durchmesser in cm	Umfang berechnet in cm	Umfang gemessen in cm

978-3-589-16710-4 | Marcel Gruner | Bruchrechnung – Mathematik, Klasse 5/6

2. Berechne den Umfang eines Kreises mit einem Durchmesser von 14 cm, $1\frac{3}{4}$ cm, $3\frac{1}{7}$ dm beziehungsweise $7\frac{1}{2}$ m.

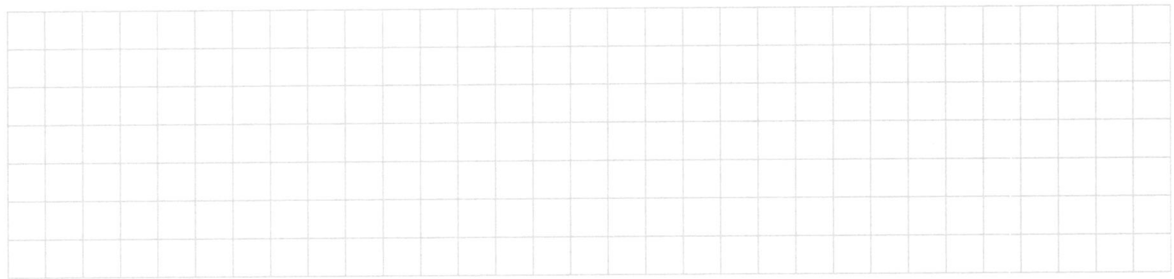

3. Nun umgekehrt:
   Berechne, welchen Durchmesser ein Kreis hat, dessen Umfang 22 cm, 1 dm, $\frac{3}{14}$ m beziehungsweise $6\frac{2}{7}$ m beträgt.

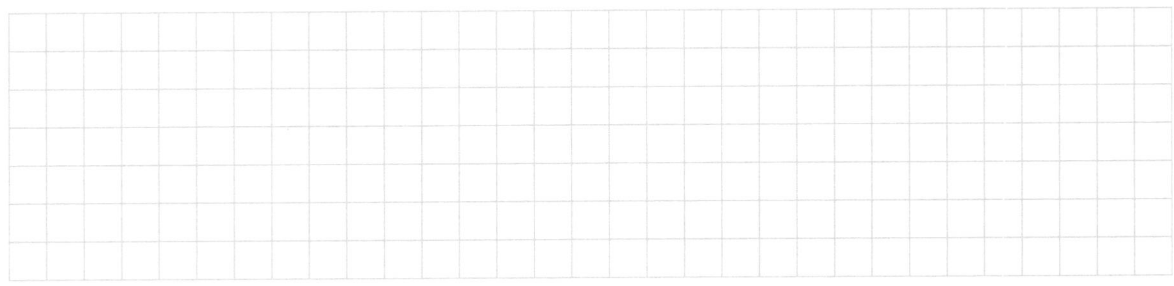

4. Der Mond bewegt sich um die Erde. Wir nehmen an, dass diese Bahn kreisförmig ist, was nur ungefähr richtig ist. Die Umlaufbahn des Mondes hat einen Durchmesser von ca. 768 800 km. Berechne die Strecke, die der Mond während der Umrundung der Erde zurücklegt.

5. Die Erde ist eine Kugel, und der Äquator daher ein Kreis. Dieser hat einen Umfang von ungefähr 40 000 km.
   Berechne den Durchmesser der Erde.

978-3-589-16710-4 | Marcel Gruner | Bruchrechnung – Mathematik, Klasse 5/6

16 | Würfelaufgaben

Mathematischer Inhalt:	Addieren, Subtrahieren, Multiplizieren, Dividieren
Methode:	Lernspiel
Art/Funktion:	Übung
Vorschlag Sozialform:	Einzelarbeit, später Partnerarbeit
Zusätzliches Material:	einen üblichen Spielwürfel (mit 6 Seiten) und möglichst einen Ikosaeder-Würfel („Würfel" mit 12 Seiten; falls nicht vorhanden einen „Würfel" mit anderer Seitenzahl oder einen zweiten 6-seitigen Spielwürfel)
Bemerkungen:	Werden zwei übliche 6-seitige Spielwürfel verwendet, muss eine Regel festgelegt werden, welcher Würfel den Zähler und welcher den Nenner bestimmt.
Lösungen:	keine allgemeine Lösung möglich

DU BRAUCHST

- möglichst einen Ikosaeder-Würfel („Würfel" mit 12 Seiten)
- einen üblichen Spielwürfel (mit 6 Seiten)

Wenn Du keinen Ikosaeder-Würfel hast, kannst Du stattdessen auch einen üblichen Spielwürfel verwenden.

DAS SOLLST DU MACHEN

1. Wirf beide Würfel. Trage dann die geworfenen Zahlen nacheinander in die folgenden Brüche ein. Dabei werden die Augenzahlen des Ikosaeder-Würfels in den Nenner, die Augenzahlen des üblichen Spielwürfels in den Zähler eingetragen.

   Hinweis: Achte bei den Subtraktionsaufgaben darauf, dass sich die Aufgaben lösen lassen. Notfalls musst Du Minuend und Subtrahend miteinander tauschen oder den Subtrahenden noch einmal würfeln.

2. Löse anschließend die entstandenen Aufgaben. Kürze das Ergebnis jeweils so weit wie möglich.

3. Wenn Du alle Aufgaben berechnet hast, tausche die Blätter mit Deinem Nachbarn und kontrolliert Euch gegenseitig.

978-3-589-16710-4 | Marcel Gruner | Bruchrechnung – Mathematik, Klasse 5/6

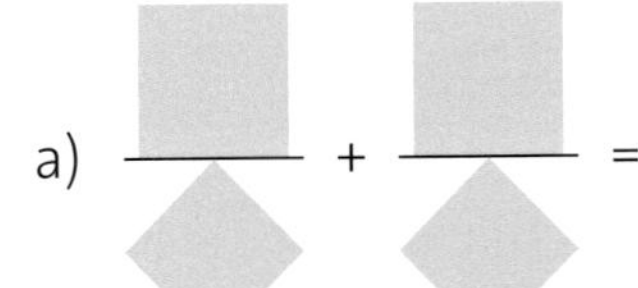

a) $\frac{\square}{\lozenge} + \frac{\square}{\lozenge} =$

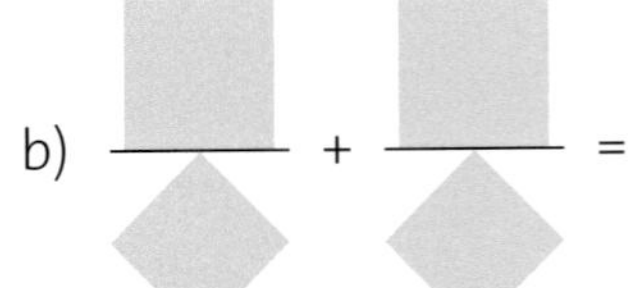

b) $\frac{\square}{\lozenge} + \frac{\square}{\lozenge} =$

c) $\frac{\square}{\lozenge} + \frac{\square}{\lozenge} =$

d) $\frac{\square}{\lozenge} + \frac{\square}{\lozenge} =$

e) $\frac{\square}{\lozenge} - \frac{\square}{\lozenge} =$

f) $\frac{\square}{\lozenge} - \frac{\square}{\lozenge} =$

g) $\frac{\square}{\lozenge} - \frac{\square}{\lozenge} =$

h) $\frac{\square}{\lozenge} - \frac{\square}{\lozenge} =$

i) $\frac{\square}{\lozenge} \cdot \frac{\square}{\lozenge} =$

j) $\frac{\square}{\lozenge} \cdot \frac{\square}{\lozenge} =$

k) $\frac{\square}{\lozenge} \cdot \frac{\square}{\lozenge} =$

l) $\frac{\square}{\lozenge} \cdot \frac{\square}{\lozenge} =$

m) $\frac{\square}{\lozenge} : \frac{\square}{\lozenge} =$

n) $\frac{\square}{\lozenge} : \frac{\square}{\lozenge} =$

o) $\frac{\square}{\lozenge} : \frac{\square}{\lozenge} =$

p) $\frac{\square}{\lozenge} : \frac{\square}{\lozenge} =$

978-3-589-16710-4 | Marcel Gruner | Bruchrechnung – Mathematik, Klasse 5/6

17 | „Ich rechnete schon oft mit Brüchen“

Mathematischer Inhalt:	Addieren, Subtrahieren, Multiplizieren, Dividieren
Methode:	Quiz, Recherche
Art/Funktion:	Übung
Vorschlag Sozialform:	Einzelarbeit
Zusätzliches Material:	–
Bemerkungen:	Nach dem Lösen der Aufgaben soll im Internet recherchiert werden.
Lösungen:	s. S. 54

1. Löse die folgenden Aufgaben und kürze jeweils so weit wie möglich.
2. Schaue dann unten in der Tabelle nach: Dort ist verschiedenen Brüchen jeweils ein Buchstabe zugeordnet. Notiere jeweils den Buchstaben, die zu den Ergebnissen gehören, die Du ausgerechnet hast. Wenn Du alle Aufgaben richtig gelöst hast, erhältst Du einen Namen.
3. Suche im Internet nach dem Namen. Was hat diese Person beruflich gemacht und wann hat sie gelebt?
   Suche auch nach dem Namen plus „Der Mathematiker“ oder dem Namen plus der Überschrift dieses Arbeitsblattes. Dann solltest Du einen lustigen Text finden.

a) $\frac{7}{8} - \frac{1}{2} =$

b) $\frac{5}{6} \cdot \frac{3}{10} =$

c) $\frac{13}{10} - \frac{4}{5} =$

d) $\frac{3}{8} + \frac{7}{10} =$

e) $\frac{1}{2} + \frac{1}{4} - \frac{1}{8} =$

f) $\frac{2}{3} - \frac{5}{12} =$

g) $\frac{6}{25} \cdot \frac{10}{25} =$

h) $\frac{9}{20} : \frac{6}{5} =$

i) $\frac{2}{7} + \frac{1}{10} =$

j) $\frac{56}{45} : 14 =$

k) $\frac{20}{17} : \frac{5}{34} =$

l) $\frac{3}{8} \cdot \frac{2}{9} =$

Ergebnis	$\frac{27}{70}$	$\frac{3}{4}$	$\frac{1}{11}$	8	$\frac{1}{4}$	$\frac{15}{60}$	$\frac{5}{10}$	$\frac{3}{8}$	$\frac{1}{2}$	$\frac{1}{20}$	$\frac{10}{31}$	$\frac{3}{7}$	$\frac{7}{17}$
Buchstabe	A	B	C	D	E	F	G	H	I	J	K	L	M

Ergebnis	$\frac{43}{40}$	$\frac{3}{12}$	$\frac{22}{7}$	$\frac{1}{8}$	$\frac{4}{45}$	$\frac{6}{19}$	$\frac{1}{12}$	$\frac{5}{9}$	$\frac{3}{10}$	1	$\frac{8}{3}$	$\frac{23}{20}$	$\frac{5}{8}$
Buchstabe	N	O	P	Q	R	S	T	U	V	W	X	Y	Z

978-3-589-16710-4 | Marcel Gruner | Bruchrechnung – Mathematik, Klasse 5/6

18 | Immer weiter ...

Mathematischer Inhalt:	Addieren, Subtrahieren, Multiplizieren, Dividieren, Rechenregeln
Methode:	Übung mit Selbstkontrolle
Art/Funktion:	Übung
Vorschlag Sozialform:	Einzelarbeit
Zusätzliches Material:	–
Bemerkungen:	–
Lösungen:	s. S. 54

Beginne mit der ersten Aufgabe und löse diese. Kürze dabei das Ergebnis immer so weit wie möglich. Das Ergebnis ist führt Dich zur nächsten Aufgabe: Berechne als nächstes jeweils die Aufgabe, die mit dem vorherigen Ergebnis beginnt. Wenn Du alles richtig gemacht hast, endest Du wieder beim Anfang.

a) $\frac{2}{3} + \frac{1}{4} = \frac{11}{12}$ → s)

b) $\frac{5}{12} + \frac{5}{8} + \frac{5}{24}$

c) $\frac{2}{5} : \frac{3}{4} - \frac{2}{5}$

d) $\frac{21}{10} \cdot \left(\frac{3}{14} + \frac{2}{7}\right)$

e) $\left(\frac{24}{5} - \frac{3}{10}\right) : \frac{3}{8}$

f) $\frac{9}{8} - \left(\frac{3}{4} + \frac{1}{6}\right)$

g) $\frac{5}{11} : \frac{5}{22}$

h) $\frac{1}{15} + \frac{1}{10} + \frac{1}{5}$

i) $\frac{1}{2} + \frac{1}{3} \cdot \left(\frac{1}{2} - \frac{1}{3}\right)$

j) $\frac{1}{6} \cdot \frac{3}{4}$

k) $\frac{3}{8} - \frac{1}{12}$

m) $\frac{8}{15} + \frac{2}{5}$

y) $\frac{7}{24} : \frac{5}{36}$

n) $\frac{21}{20} \cdot \frac{15}{14}$

o) $\frac{5}{24} : \left(\frac{7}{20} + \frac{3}{20}\right)$

p) $\frac{11}{30} \cdot \left(\frac{15}{22} : \frac{11}{20}\right)$

q) $\frac{1}{20} + \left(\frac{7}{18} \cdot \frac{3}{10}\right)$

r) $12 \cdot \frac{2}{45}$

s) $\frac{11}{12} \cdot \frac{9}{22}$

t) $\frac{5}{4} + \frac{7}{8} - \left(\frac{3}{4} : \frac{2}{5}\right)$

u) $\frac{5}{36} : \frac{25}{12}$

v) $\left(\frac{1}{8} + \frac{5}{6}\right) \cdot \frac{12}{23}$

w) $\frac{14}{15} \cdot \frac{3}{7}$

l) $\frac{1}{4} : 5$

x) $2 : \left(\frac{1}{2} - \frac{1}{12}\right)$

z) $\frac{2}{15} + \left(\frac{2}{3} \cdot \frac{4}{5}\right)$

978-3-589-16710-4 | Marcel Gruner | Bruchrechnung – Mathematik, Klasse 5/6

19 | Rechentabellen

Mathematischer Inhalt:	Addieren, Subtrahieren, Multiplizieren, Dividieren
Methode:	Rechentabellen
Art/Funktion:	Übung
Vorschlag Sozialform:	Einzelarbeit
Zusätzliches Material:	–
Bemerkungen:	–
Lösungen:	s. S. 55

Fülle die folgenden Tabellen aus. Bei der Subtraktions- bzw. der Divisionstabelle muss jeweils die „Zeilenzahl“ vorne minus „Spaltenüberschrift“ oben bzw. „Zeilenzahl“ vorne durch „Spaltenüberschrift“ oben gerechnet werden.
Kürze die Ergebnisse jeweils so weit wie möglich.

+	$\frac{1}{3}$	$\frac{1}{6}$	$\frac{2}{3}$	$\frac{3}{4}$
$\frac{1}{2}$				
$\frac{2}{3}$				
$\frac{5}{6}$				
$\frac{5}{12}$				

−	$\frac{1}{4}$	$\frac{1}{5}$	$\frac{2}{5}$	$\frac{1}{2}$
$\frac{1}{2}$				
$\frac{3}{4}$				
$\frac{4}{5}$				
$\frac{7}{10}$				

·	$\frac{1}{3}$	$\frac{4}{5}$	$\frac{2}{3}$	$\frac{9}{10}$
$\frac{1}{4}$				
$\frac{3}{5}$				
$\frac{5}{6}$				
$\frac{1}{8}$				

:	$\frac{1}{5}$	$\frac{2}{3}$	$\frac{3}{4}$	$\frac{1}{3}$
$\frac{1}{4}$				
$\frac{5}{6}$				
$\frac{5}{8}$				
$\frac{3}{10}$				

978-3-589-16710-4 | Marcel Gruner | Bruchrechnung – Mathematik, Klasse 5/6

20 | Mehr oder weniger

Mathematischer Inhalt:	Addieren, Subtrahieren, Multiplizieren, Dividieren, Rechenregeln
Methode:	Lernspiel
Art/Funktion:	Übung
Vorschlag Sozialform:	Gruppenarbeit
Zusätzliches Material:	Scheren
Bemerkungen:	Die Karten können auch von der Lehrerin oder dem Lehrer im Vorfeld ausgeschnitten und laminiert werden. So sind sie mehrfach verwendbar.
Lösungen:	s. S. 55 f.

IHR BRAUCHT

- Schere

DAS MÜSST IHR VORBEREITEN

- Schneidet die Karten aus. Bringt Euren Schnittabfall in den Papiermüll.

DAS SOLLT IHR MACHEN

Die Karten werden alle gemischt. Verteilt sie dann gleichmäßig an alle Mitspielerinnen und Mitspieler. Alle legen ihre Karten – ohne sie sich vorher anzusehen – verdeckt auf einen Stapel vor sich. Jede und jeder dreht nun die oberste Karte um. Die Spielerin oder der Spieler, dessen Karte den größten Wert (ja, Ihr müsst rechnen!) zeigt, hat diese Runde gewonnen.

Sie oder er bekommt alle aufgedeckten Karten und legt diese verdeckt unter den eigenen Stapel.

Haben die aufgedeckten Karten denselben Wert (oder bei mehr als zwei Spielerinnen und Spielern: mehrere Karten den gleichen höchsten Wert), gibt es ein Stechen. Die Spielerinnen und Spieler, die im Stechen sind, legen die oberste Karte ihres Stapels verdeckt auf die aufgedeckte Karte (decken diese also ab). Dann decken diese Spielerinnen und Spieler eine weitere Karte auf und legen diese offen auf die letzte Karte. Der neue Wert entscheidet nun, welche Spielerin oder welcher Spieler alle Karten (bei zwei Spielerinnen und Spielern also alle sechs Karten) bekommt. Gewonnen hat am Ende, wer zuerst alle Karten in seinem Besitz hat oder wer nach einer zuvor vorgegebenen Zeit die meisten Karten in seinem Besitz hat.

978-3-589-16710-4 | Marcel Gruner | Bruchrechnung – Mathematik, Klasse 5/6

$\frac{6}{25} \cdot 15$	$\frac{1}{2} \cdot \frac{2}{3} \cdot \frac{3}{4}$	$\frac{1}{2} + \frac{1}{4} - \frac{1}{8}$	$\frac{1}{6} + \frac{1}{3}$
$\frac{1}{2} - \frac{1}{3}$	$\frac{4}{5} - \frac{2}{5}$	$\frac{4}{9} + \frac{1}{9}$	$\frac{7}{8} \cdot 2$
$\frac{9}{7} : 3$	$\frac{13}{12} - \frac{3}{4}$	$\frac{4}{10} + \frac{5}{10}$	$\frac{1}{2} : \frac{1}{4}$
$\frac{1}{2} - \frac{1}{4} - \frac{1}{8}$	$\frac{1}{2} + \frac{1}{4} + \frac{1}{8}$	$\frac{1}{3} - \frac{1}{6}$	$\frac{1}{3} : \frac{1}{6}$
$\frac{2}{3} : 2$	$\frac{2}{3} \cdot \frac{1}{2}$	$1 : \frac{3}{4}$	$\frac{1}{2} - \frac{1}{4}$
$\frac{7}{8} - \frac{1}{2}$	$2 \cdot \frac{1}{8}$	$\frac{1}{4} : \frac{1}{2}$	$\frac{1}{6} + \frac{1}{6} + \frac{1}{6}$

978-3-589-16710-4 | Marcel Gruner | Bruchrechnung – Mathematik, Klasse 5/6

$\frac{7}{2} : \frac{3}{2}$	$\frac{1}{4} + \frac{2}{4} + \frac{3}{4}$	$\left(\frac{3}{4} - \frac{1}{4}\right) : 3$	$\frac{1}{8} \cdot 4$
$\frac{1}{2} \cdot \frac{1}{3}$	$\frac{1}{2} + \frac{1}{3}$	$\left(\frac{5}{6} - \frac{1}{6}\right) : \frac{1}{2}$	$4 \cdot \left(\frac{1}{8} + \frac{3}{5}\right)$
$\frac{5}{6} + \frac{1}{3}$	$\frac{1}{3} \cdot \frac{1}{6}$	$\frac{3}{4} : 6$	$\frac{1}{2} : \frac{1}{3}$
$\frac{11}{12} - \frac{5}{12}$	$\frac{1}{2} + \frac{1}{4}$	$\frac{3}{4} \cdot \frac{1}{2}$	$\frac{3}{4} : \frac{3}{2}$
$\frac{1}{2} \cdot \frac{1}{4}$	$\frac{3}{10} \cdot 2$	$\frac{4}{3} \cdot \left(\frac{3}{4} + \frac{3}{4}\right)$	$\frac{5}{6} \cdot 2$
$\frac{13}{7} \cdot \frac{19}{13}$	$\frac{7}{13} + \frac{18}{13}$	$\frac{1}{3} \cdot \frac{1}{3} \cdot \frac{1}{3}$	$\frac{19}{6} : \frac{27}{6}$

978-3-589-16710-4 | Marcel Gruner | Bruchrechnung – Mathematik, Klasse 5/6

21 | Fehlerteufel

Mathematischer Inhalt:	Addieren, Subtrahieren, Multiplizieren, Dividieren, Rechenregeln
Methode:	Fehler finden
Art/Funktion:	Übung
Vorschlag Sozialform:	Einzelarbeit
Zusätzliches Material:	–
Bemerkungen:	–
Lösungen:	s. S. 56

Einige Schülerinnen und Schüler haben Aufgaben mit Brüchen gerechnet. Dabei haben sie leider teilweise ein paar Fehler gemacht.

Kontrolliere die Rechnungen. Es sind sowohl richtig als auch falsch gelöste Aufgaben dabei. Gegen welche Rechenregeln wurde bei den falsch gelösten Aufgaben verstoßen? Notiere auch die korrigierte Lösung.

I.

$$\frac{3}{4} + \frac{2}{7} = \frac{5}{11}$$

II.

$$\frac{2}{7} + \frac{5}{7} = \frac{10}{7}$$

III.

$$\frac{3}{7} \cdot \frac{2}{11} = \frac{5}{77}$$

IV.

$$\frac{15}{14} : \frac{20}{21} = \frac{{}^{5}\cancel{15}}{{}_{7}\cancel{14}} : \frac{\cancel{20}^{10}}{\cancel{21}_{7}} = \frac{5}{7} \cdot \frac{7}{10} = \frac{35}{70} = \frac{1}{2}$$

V.

$$\frac{8}{9} \cdot \frac{5}{6} = \frac{{}^{4}\cancel{8}}{9} \cdot \frac{5}{\cancel{6}_{3}} = \frac{4 \cdot 5}{9 \cdot 3} = \frac{20}{27}$$

VI.

$$\frac{3}{8} + \frac{1}{3} = \frac{{}^{1}\cancel{3}}{8} + \frac{1}{\cancel{3}_{1}} = \frac{1}{8} + \frac{8}{8} = \frac{9}{8}$$

978-3-589-16710-4 | Marcel Gruner | Bruchrechnung – Mathematik, Klasse 5/6

VII.

$\frac{2}{5} : \frac{3}{10} = \frac{5}{2} \cdot \frac{3}{10} = \frac{^{1}\cancel{5}}{2} \cdot \frac{3}{\cancel{10}_{2}} = \frac{1 \cdot 3}{2 \cdot 2} = \frac{3}{4}$

VIII.

$\frac{1}{4} + \frac{2}{12} + \frac{7}{12} = \frac{1}{4} + \frac{9}{12} = \frac{3}{4} + \frac{9}{4} = \frac{4}{4} = 1$

IX.

$\frac{5}{4} \cdot \left(\frac{3}{5} - \frac{3}{10}\right) = \frac{5 \cdot 3}{4 \cdot 5} - \frac{3}{10} = \frac{15}{20} - \frac{3}{10} = \frac{15}{20} - \frac{6}{20} = \frac{9}{20}$

X.

$\frac{9}{15} - \frac{3}{10} = \frac{6}{5}$

XI.

$\frac{2}{15} + \frac{2}{3} = \frac{2}{18} = \frac{1}{9}$

XII.

$\frac{22}{27} : \frac{11}{9} = \frac{22}{27} \cdot \frac{9}{11} = \frac{^{2}\cancel{22}}{_{3}\cancel{27}} \cdot \frac{\cancel{9}^{1}}{\cancel{11}_{1}} = \frac{2 \cdot 1}{3 \cdot 1} = \frac{2}{3}$

XIII.

$\frac{5}{6} - \frac{3}{8} = \frac{20}{24} - \frac{9}{24} = \frac{11}{24}$

978-3-589-16710-4 | Marcel Gruner | Bruchrechnung – Mathematik, Klasse 5/6

Lösungen

ZU 1: BRÜCHE IM QUADRAT (S. 6)

1. $\frac{3}{4}$, $\frac{3}{8}$ und $\frac{11}{16}$

2. Mögliche Lösungen
   Es ist jeweils nur eine Möglichkeit angegeben, auch wenn von den Schülerinnen und Schülern möglichst viele gefunden werden sollen. Zur Orientierung ist hier der Rand des ursprünglichen Quadrates gepunktet dargestellt.

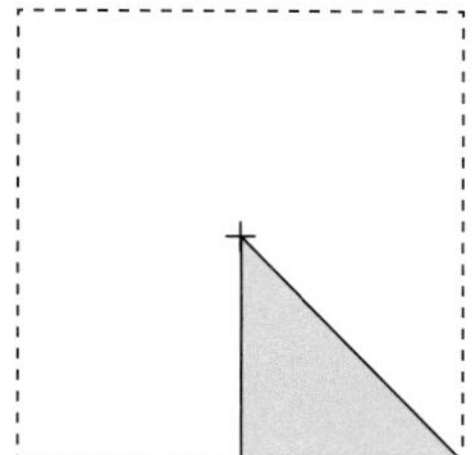
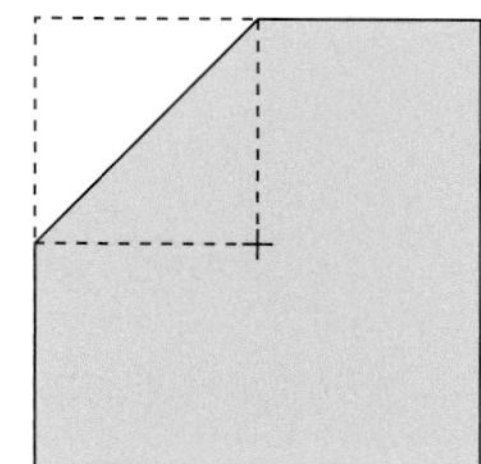
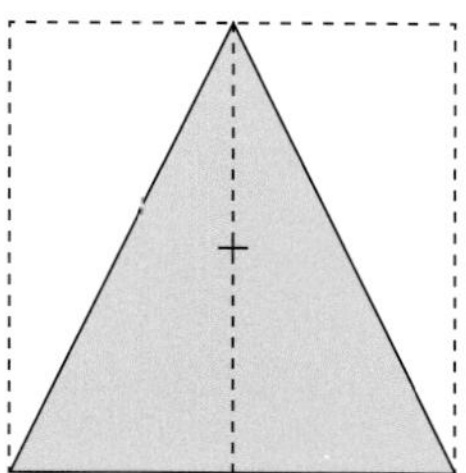

3. Lösungen hängen von den Schülerideen ab. Es gilt: Je kreativer desto besser.

ZU 2: BRÜCHE IM ALLTAG (S. 8)

1. $\frac{2}{3}$ aller Eingeladenen → 8 Freunde
   $\frac{1}{4}$ Mädchen → 2 Mädchen
   $\frac{1}{3}$ der Jungen → 2 Jungen
   $\frac{1}{2}$ mit Schokolade und Streuseln → 8 mit Schokolade und Streuseln
   $\frac{1}{2}$ Erdbeermuffins → 4 Erdbeermuffins

2. Lösungen hängen von den Schülerideen ab.

3. Lösungen hängen von den Schülerideen ab.

ZU 3: GLEICH UND GLEICH GESELLT SICH GERN … (BRÜCHE IM ALLTAG, S. 9)

Die Paare sind:

- $\frac{3}{8}$ l und 375 ml
- $\frac{3}{10}$ l und 300 ml
- $\frac{2}{5}$ kg und 400 g
- $\frac{4}{5}$ dm und 80 mm
- $\frac{3}{4}$ Jahr und 9 Monate
- $\frac{3}{100}$ m und 3 cm
- $\frac{4}{5}$ kg und 800 g
- $\frac{3}{20}$ h und 9 min
- $\frac{1}{10}$ dm und 1 cm
- $\frac{5}{6}$ min und 50 s
- $\frac{3}{4}$ t und 750 kg
- $\frac{3}{8}$ km und 375 m
- $\frac{3}{4}$ h und 45 min
- $\frac{2}{3}$ min und 40 s
- $\frac{4}{5}$ t und 800 kg
- $\frac{1}{8}$ l und 125 ml
- $\frac{3}{4}$ km und 750 m
- $\frac{1}{2}$ km und 500 m
- $\frac{1}{4}$ Jahr und 3 Monate
- $\frac{1}{3}$ Jahr und 4 Monate
- $\frac{1}{10}$ h und 6 min
- $\frac{3}{10}$ t und 300 kg
- $\frac{2}{5}$ dm und 4 cm
- $\frac{1}{2}$ min und 30 s

ZU 4: GLEICH UND GLEICH GESELLT SICH GERN … (KÜRZEN UND ERWEITERN, S. 12)

Die Paare sind:

- $\frac{65}{169}$ und $\frac{5}{13}$; Erweiterungs-/Kürzungszahl: 13
- $\frac{12}{48}$ und $\frac{3}{12}$; Erweiterungs-/Kürzungszahl: 4
- $\frac{70}{196}$ und $\frac{5}{14}$; Erweiterungs-/Kürzungszahl: 14
- $\frac{3}{4}$ und $\frac{6}{8}$; Erweiterungs-/Kürzungszahl: 2
- $\frac{8}{44}$ und $\frac{2}{11}$; Erweiterungs-/Kürzungszahl: 4
- $\frac{4}{7}$ und $\frac{8}{14}$; Erweiterungs-/Kürzungszahl: 2
- $\frac{4}{8}$ und $\frac{1}{2}$; Erweiterungs-/Kürzungszahl: 4
- $\frac{6}{60}$ und $\frac{1}{10}$; Erweiterungs-/Kürzungszahl: 6
- $\frac{6}{19}$ und $\frac{24}{76}$; Erweiterungs-/Kürzungszahl: 4
- $\frac{2}{9}$ und $\frac{6}{27}$; Erweiterungs-/Kürzungszahl: 3
- $\frac{12}{20}$ und $\frac{6}{10}$; Erweiterungs-/Kürzungszahl: 2
- $\frac{6}{42}$ und $\frac{1}{7}$; Erweiterungs-/Kürzungszahl: 6
- $\frac{5}{25}$ und $\frac{1}{5}$; Erweiterungs-/Kürzungszahl: 5
- $\frac{10}{12}$ und $\frac{20}{24}$; Erweiterungs-/Kürzungszahl: 2
- $\frac{2}{6}$ und $\frac{1}{3}$; Erweiterungs-/Kürzungszahl: 2
- $\frac{2}{3}$ und $\frac{6}{9}$; Erweiterungs-/Kürzungszahl: 3
- $\frac{4}{9}$ und $\frac{36}{81}$; Erweiterungs-/Kürzungszahl: 9
- $\frac{4}{10}$ und $\frac{8}{20}$; Erweiterungs-/Kürzungszahl: 2
- $\frac{3}{18}$ und $\frac{6}{36}$; Erweiterungs-/Kürzungszahl: 2
- $\frac{28}{60}$ und $\frac{7}{15}$; Erweiterungs-/Kürzungszahl: 4
- $\frac{27}{60}$ und $\frac{9}{20}$; Erweiterungs-/Kürzungszahl: 3
- $\frac{6}{7}$ und $\frac{48}{56}$; Erweiterungs-/Kürzungszahl: 8
- $\frac{7}{17}$ und $\frac{28}{68}$; Erweiterungs-/Kürzungszahl: 4
- $\frac{13}{30}$ und $\frac{26}{60}$; Erweiterungs-/Kürzungszahl: 2

ZU 5: GOLDENER SCHNITT (S. 15)

Es sind keine allgemeinen Lösungen möglich, da diese von den Messwerten der Schülerinnen und Schüler abhängen.

ZU 6: BRÜCHE AM ZAHLENSTRAHL – UNTERRICHT IM FREIEN (S. 17)

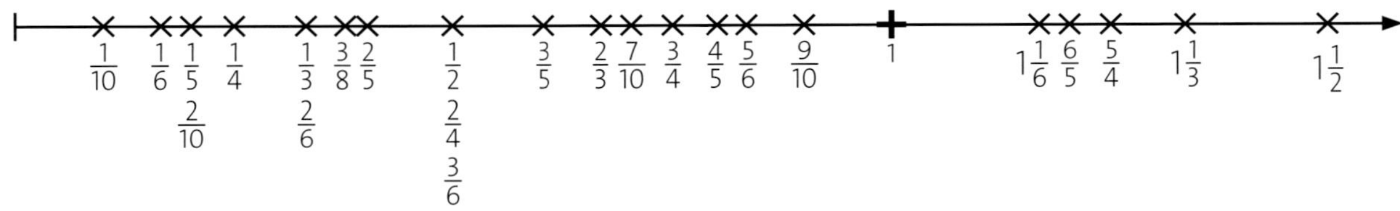

ZU 7: WÜRFELAUFGABEN ZUR ADDITION (S. 20)

Die Lösungen hängen von den Würfelergebnissen ab.

ZU 8: ZAHLENMAUERN ZUR ADDITION (S. 22)

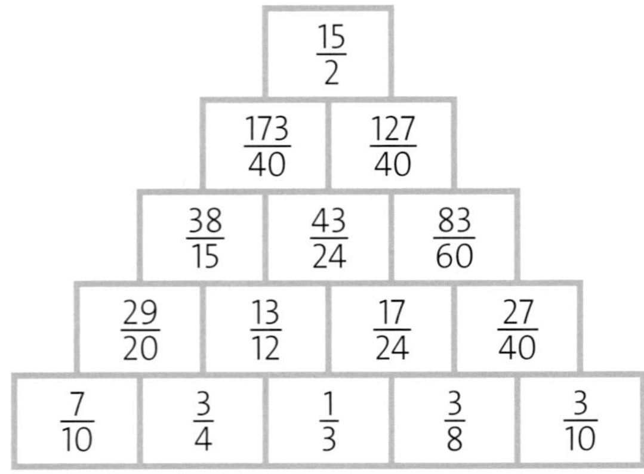

9

$\frac{71}{16}$ $\frac{73}{16}$

$\frac{13}{6}$ $\frac{109}{48}$ $\frac{55}{24}$

$\frac{9}{8}$ $\frac{25}{24}$ $\frac{59}{48}$ $\frac{17}{16}$

$\frac{3}{4}$ $\frac{3}{8}$ $\frac{2}{3}$ $\frac{9}{16}$ $\frac{1}{2}$

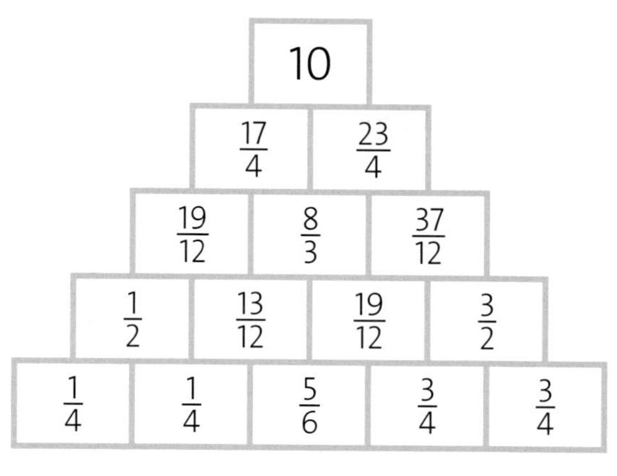

$\frac{31}{5}$

$\frac{15}{4}$ $\frac{49}{20}$

$\frac{7}{3}$ $\frac{17}{12}$ $\frac{31}{30}$

$\frac{3}{2}$ $\frac{5}{6}$ $\frac{7}{12}$ $\frac{9}{20}$

1 $\frac{1}{2}$ $\frac{1}{3}$ $\frac{1}{4}$ $\frac{1}{5}$

$\frac{25}{3}$

$\frac{14}{3}$ $\frac{11}{3}$

$\frac{31}{12}$ $\frac{25}{12}$ $\frac{19}{12}$

$\frac{5}{4}$ $\frac{4}{3}$ $\frac{3}{4}$ $\frac{5}{6}$

$\frac{1}{2}$ $\frac{3}{4}$ $\frac{7}{12}$ $\frac{1}{6}$ $\frac{2}{3}$

6

$\frac{11}{4}$ $\frac{13}{4}$

$\frac{5}{4}$ $\frac{3}{2}$ $\frac{7}{4}$

$\frac{5}{8}$ $\frac{5}{8}$ $\frac{7}{8}$ $\frac{7}{8}$

$\frac{1}{2}$ $\frac{1}{8}$ $\frac{1}{2}$ $\frac{3}{8}$ $\frac{1}{2}$

ZU 9: MAGISCHE QUADRATE (S. 23)

1. Es ergibt sich:

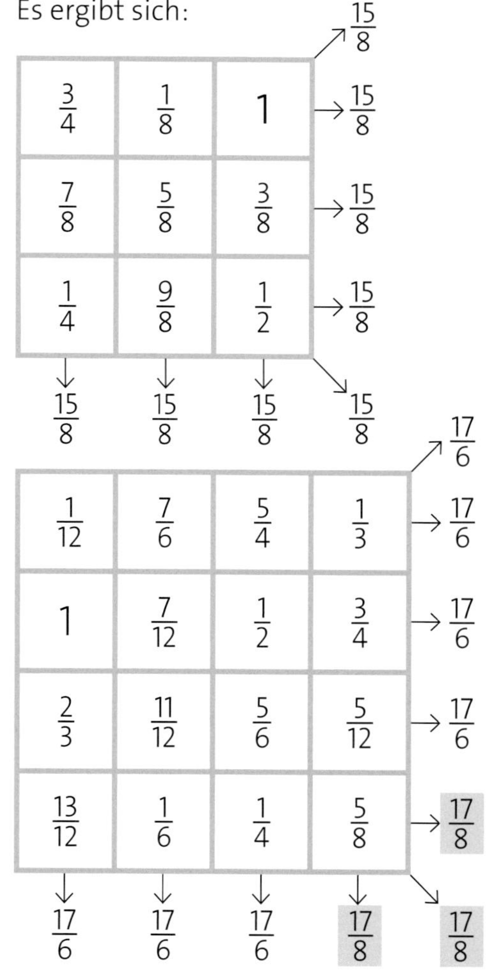

			↗ $\frac{15}{8}$
$\frac{3}{4}$	$\frac{1}{8}$	1	→ $\frac{15}{8}$
$\frac{7}{8}$	$\frac{5}{8}$	$\frac{3}{8}$	→ $\frac{15}{8}$
$\frac{1}{4}$	$\frac{9}{8}$	$\frac{1}{2}$	→ $\frac{15}{8}$
↓ $\frac{15}{8}$	↓ $\frac{15}{8}$	↓ $\frac{15}{8}$	↘ $\frac{15}{8}$

				↗ $\frac{17}{6}$
$\frac{1}{12}$	$\frac{7}{6}$	$\frac{5}{4}$	$\frac{1}{3}$	→ $\frac{17}{6}$
1	$\frac{7}{12}$	$\frac{1}{2}$	$\frac{3}{4}$	→ $\frac{17}{6}$
$\frac{2}{3}$	$\frac{11}{12}$	$\frac{5}{6}$	$\frac{5}{12}$	→ $\frac{17}{6}$
$\frac{13}{12}$	$\frac{1}{6}$	$\frac{1}{4}$	$\frac{5}{8}$	→ $\frac{17}{8}$
↓ $\frac{17}{6}$	↓ $\frac{17}{6}$	↓ $\frac{17}{6}$	↓ $\frac{17}{8}$	↘ $\frac{17}{8}$

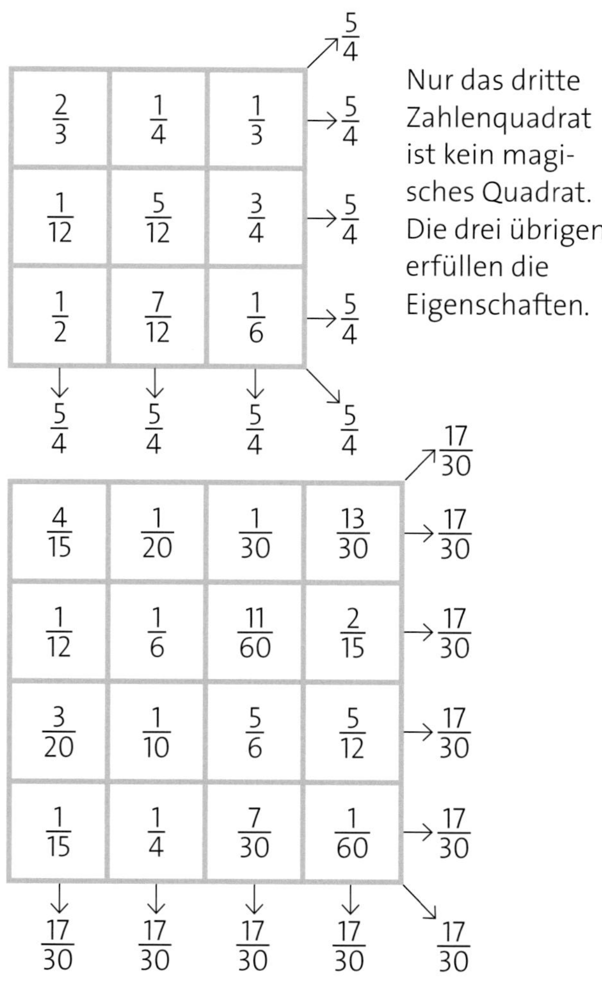

			↗ $\frac{5}{4}$
$\frac{2}{3}$	$\frac{1}{4}$	$\frac{1}{3}$	→ $\frac{5}{4}$
$\frac{1}{12}$	$\frac{5}{12}$	$\frac{3}{4}$	→ $\frac{5}{4}$
$\frac{1}{2}$	$\frac{7}{12}$	$\frac{1}{6}$	→ $\frac{5}{4}$
↓ $\frac{5}{4}$	↓ $\frac{5}{4}$	↓ $\frac{5}{4}$	↘ $\frac{5}{4}$

Nur das dritte Zahlenquadrat ist kein magisches Quadrat. Die drei übrigen erfüllen die Eigenschaften.

				↗ $\frac{17}{30}$
$\frac{4}{15}$	$\frac{1}{20}$	$\frac{1}{30}$	$\frac{13}{30}$	→ $\frac{17}{30}$
$\frac{1}{12}$	$\frac{1}{6}$	$\frac{11}{60}$	$\frac{2}{15}$	→ $\frac{17}{30}$
$\frac{3}{20}$	$\frac{1}{10}$	$\frac{5}{6}$	$\frac{5}{12}$	→ $\frac{17}{30}$
$\frac{1}{15}$	$\frac{1}{4}$	$\frac{7}{30}$	$\frac{1}{60}$	→ $\frac{17}{30}$
↓ $\frac{17}{30}$	↓ $\frac{17}{30}$	↓ $\frac{17}{30}$	↓ $\frac{17}{30}$	↘ $\frac{17}{30}$

2. Mittels nacheinander Berechnens ergibt sich:

2	$\frac{3}{4}$	1
$\frac{1}{4}$	$\frac{5}{4}$	$\frac{9}{4}$
$\frac{3}{2}$	$\frac{7}{4}$	$\frac{1}{2}$

Magische Zahl: $\frac{15}{4}$

$\frac{4}{5}$	$\frac{9}{5}$	$\frac{2}{5}$
$\frac{3}{5}$	1	$\frac{7}{5}$
$\frac{8}{5}$	$\frac{1}{5}$	$\frac{6}{3}$

Magische Zahl: 1

$\frac{2}{15}$	$\frac{3}{10}$	$\frac{1}{6}$	$\frac{8}{15}$
$\frac{1}{2}$	$\frac{1}{5}$	$\frac{1}{3}$	$\frac{1}{10}$
$\frac{7}{15}$	$\frac{7}{30}$	$\frac{11}{30}$	$\frac{1}{15}$
$\frac{1}{30}$	$\frac{2}{5}$	$\frac{4}{14}$	$\frac{13}{30}$

Magische Zahl: $\frac{17}{15}$

$\frac{1}{3}$	$\frac{7}{30}$	$\frac{1}{10}$	$\frac{1}{3}$
$\frac{7}{30}$	$\frac{1}{5}$	$\frac{1}{5}$	$\frac{11}{30}$
$\frac{4}{15}$	$\frac{3}{10}$	$\frac{3}{10}$	$\frac{2}{15}$
$\frac{1}{6}$	$\frac{4}{15}$	$\frac{2}{5}$	$\frac{1}{6}$

Magische Zahl: 1

3. keine allgemeine Lösung möglich

ZU 10: MUSIK LIEGT IN DER LUFT (S. 25)

1. Jeder Notenwert resp. Pausenwert ist jeweils halb so lang wie der vorhergehende Wert. Eine ganze Note ist also so lang wie zwei halbe Noten usw.
2. Zum Beispiel: $\frac{1}{4} + \frac{1}{4} + \frac{1}{2} = \frac{1}{4} + \frac{1}{4} + \frac{2}{4} = \frac{1+1+2}{4} = \frac{4}{4}$ oder $\left(\frac{1}{4} + \frac{1}{8}\right) + \frac{1}{8} + \frac{1}{4} + \frac{1}{4} = \frac{3}{8} + \frac{1}{8} + \frac{1}{4} + \frac{1}{4} = \frac{3}{8} + \frac{1}{8} + \frac{2}{8} + \frac{2}{8} = \frac{3+1+2+2}{8} = \frac{8}{8} = \frac{4}{4}$ ergeben einen $\frac{4}{4}$-Takt.

   Ein $\frac{3}{4}$-Takt lässt sich beispielsweise mit einer punktierten halben Note $\left(\frac{1}{2} + \frac{1}{4}\right) = \frac{2}{4} + \frac{1}{4} = \frac{2+1}{4} = \frac{3}{4}$ oder sechs Achtelnoten $\frac{1}{8} + \frac{1}{8} + \frac{1}{8} + \frac{1}{8} + \frac{1}{8} + \frac{1}{8} = \frac{1+1+1+1+1+1}{8} = \frac{6}{8} = \frac{3}{4}$ füllen.
3. Ein Auftakt ist der Beginn eines musikalischen Stückes (oder eines Abschnitts innerhalb eines Stückes) mit einer oder mehreren Noten vor Beginn der ersten betonten Zählzeit bzw. des ersten vollständigen Taktes.

4.

Erk, L./Böhme, F.M. (Hrsg.) (1893): Deutscher Liederhort. Bd. 3, S. 357 f. (Nr. 1512). Leipzig: Breitkopf und Härtel.

5. Keine allgemeine Lösung möglich, hängt von den Takten ab, die von den Schülerinnen und Schülern herausgesucht werden.

ZU 11: STAMMBRÜCHE (S. 28)

$\frac{2}{3} = \frac{1}{2} + \frac{1}{6}$

$\frac{2}{5} = \frac{1}{3} + \frac{1}{15}$

$\frac{2}{7} = \frac{1}{4} + \frac{1}{28}$

$\frac{2}{9} = \frac{1}{6} + \frac{1}{18}$

$\frac{2}{11} = \frac{1}{6} + \frac{1}{66}$

$\frac{2}{13} = \frac{1}{8} + \frac{1}{52} + \frac{1}{104}$

$\frac{2}{15} = \frac{1}{10} + \frac{1}{30}$

$\frac{2}{17} = \frac{1}{12} + \frac{1}{51} + \frac{1}{68}$

$\frac{2}{19} = \frac{1}{12} + \frac{1}{76} + \frac{1}{114}$

$\frac{2}{29} = \frac{1}{24} + \frac{1}{58} + \frac{1}{174} + \frac{1}{232}$

$\frac{2}{21} = \frac{1}{14} + \frac{1}{42}$

$\frac{2}{23} = \frac{1}{12} + \frac{1}{276}$

$\frac{2}{25} = \frac{1}{15} + \frac{1}{75}$

$\frac{2}{27} = \frac{1}{18} + \frac{1}{54}$

$\frac{2}{31} = \frac{1}{20} + \frac{1}{124} + \frac{1}{155}$

$\frac{2}{33} = \frac{1}{22} + \frac{1}{66}$

$\frac{2}{35} = \frac{1}{30} + \frac{1}{42}$

$\frac{2}{37} = \frac{1}{24} + \frac{1}{111} + \frac{1}{296}$

Weitere Darstellungen für Brüche mit Zähler 2 als Summe von Stammbrüchen:

$\frac{2}{39} = \frac{1}{26} + \frac{1}{78}$

$\frac{2}{41} = \frac{1}{24} + \frac{1}{246} + \frac{1}{328}$

$\frac{2}{43} = \frac{1}{42} + \frac{1}{86} + \frac{1}{129} + \frac{1}{301}$

$\frac{2}{45} = \frac{1}{30} + \frac{1}{90}$

$\frac{2}{47} = \frac{1}{30} + \frac{1}{141} + \frac{1}{470}$

$\frac{2}{49} = \frac{1}{28} + \frac{1}{196}$

$\frac{2}{51} = \frac{1}{34} + \frac{1}{102}$

$\frac{2}{53} = \frac{1}{30} + \frac{1}{318}$

$\frac{2}{55} = \frac{1}{30} + \frac{1}{330}$

$\frac{2}{57} = \frac{1}{38} + \frac{1}{114}$

$\frac{2}{59} = \frac{1}{36} + \frac{1}{236} + \frac{1}{531}$

$\frac{2}{61} = \frac{1}{40} + \frac{1}{244} + \frac{1}{488} + \frac{1}{610}$

$\frac{2}{63} = \frac{1}{42} + \frac{1}{126}$

$\frac{2}{65} = \frac{1}{39} + \frac{1}{195}$

$\frac{2}{67} = \frac{1}{40} + \frac{1}{335} + \frac{1}{536}$

$\frac{2}{69} = \frac{1}{46} + \frac{1}{13}$

$\frac{2}{71} = \frac{1}{40} + \frac{1}{568} + \frac{1}{710}$

$\frac{2}{73} = \frac{1}{60} + \frac{1}{219} + \frac{1}{292} + \frac{1}{365}$

$\frac{2}{75} = \frac{1}{50} + \frac{1}{150}$

$\frac{2}{77} = \frac{1}{44} + \frac{1}{308}$

$\frac{2}{79} = \frac{1}{60} + \frac{1}{237} + \frac{1}{316} + \frac{1}{790}$

$\frac{2}{81} = \frac{1}{54} + \frac{1}{162}$

$\frac{2}{83} = \frac{1}{60} + \frac{1}{332} + \frac{1}{415} + \frac{1}{498}$

$\frac{2}{85} = \frac{1}{51} + \frac{1}{255}$

$\frac{2}{87} = \frac{1}{58} + \frac{1}{174}$

$\frac{2}{89} = \frac{1}{60} + \frac{1}{356} + \frac{1}{534} + \frac{1}{890}$

$\frac{2}{91} = \frac{1}{70} + \frac{1}{130}$

$\frac{2}{93} = \frac{1}{62} + \frac{1}{186}$

$\frac{2}{95} = \frac{1}{60} + \frac{1}{380} + \frac{1}{570}$

$\frac{2}{97} = \frac{1}{56} + \frac{1}{679} + \frac{1}{776}$

$\frac{2}{99} = \frac{1}{66} + \frac{1}{198}$

$\frac{2}{101} = \frac{1}{101} + \frac{1}{202} + \frac{1}{303} + \frac{1}{606}$

ZU 12: SUBTRAHIEREN (S. 30)

1. Um zwei Brüche zu subtrahieren werden diese (wenn nötig) zunächst so erweitert, dass beide Brüche denselben Nenner (Hauptnenner) haben. Danach werden die beiden Zähler subtrahiert und der Nenner übernommen. Wenn möglich wird anschließend die Differenz noch so weit wie möglich gekürzt.

   Zum Beispiel: $\frac{4}{15} - \frac{1}{10} = \frac{8}{30} - \frac{3}{30} = \frac{5}{30} = \frac{1}{6}$.

2. a) $\frac{1}{2} - \frac{1}{6} = \frac{3}{6} - \frac{1}{6} = \frac{2}{6} = \frac{1}{3}$

   b) $\frac{2}{5} - \frac{7}{20} = \frac{8}{20} - \frac{7}{20} = \frac{1}{20}$

   c) $\frac{3}{4} - \frac{1}{6} = \frac{9}{12} - \frac{2}{12} = \frac{7}{12}$

   d) $\frac{17}{25} - \frac{7}{15} = \frac{51}{75} - \frac{35}{75} = \frac{16}{75}$

   e) $\frac{5}{6} - \frac{4}{7} = \frac{35}{42} - \frac{24}{42} = \frac{11}{42}$

   f) $\frac{11}{17} - \frac{7}{11} = \frac{121}{187} - \frac{119}{187} = \frac{2}{187}$

3. Ausgefüllt ergibt sich folgende Tabelle:

Minuend	$\frac{19}{50}$	$\frac{3}{4}$	$\frac{3}{20}$	$\frac{5}{8}$	$\frac{17}{30}$	$\frac{11}{12}$	$\frac{47}{50}$	$\frac{13}{10}$	$\frac{7}{10}$	$\frac{1}{3}$	$\frac{7}{10}$	$\frac{7}{8}$
Subtrahend	$\frac{7}{30}$	$\frac{2}{5}$	$\frac{2}{25}$	$\frac{3}{8}$	$\frac{17}{30}$	$\frac{7}{30}$	$\frac{11}{25}$	$\frac{4}{25}$	$\frac{1}{5}$	$\frac{2}{7}$	$\frac{1}{25}$	$\frac{1}{4}$
Differenz	$\frac{79}{150}$	$\frac{7}{20}$	$\frac{1}{25}$	$\frac{1}{4}$	0	$\frac{41}{60}$	$\frac{1}{2}$	$\frac{47}{50}$	$\frac{1}{2}$	$\frac{1}{21}$	$\frac{33}{50}$	$\frac{5}{8}$

ZU 13: RECHNEN MIT DOMINOSTEINEN (S. 31)

1. Die Ergebnisse hängen von den gezogenen Steinkombinationen ab.

2. a) Karin rechnet: $\frac{6}{2} + \frac{1}{3} = \frac{18}{6} + \frac{2}{6} = \frac{18+2}{6} = \frac{20}{6} = \frac{10}{3}$ sowie $\frac{6}{2} - \frac{1}{3} = \frac{18}{6} - \frac{2}{6} = \frac{18-2}{6} = \frac{16}{6} = \frac{8}{3}$.

   Sophia hingegen rechnet: $\frac{3}{1} + \frac{2}{6} = \frac{18}{6} + \frac{2}{6} = \frac{18+2}{6} = \frac{20}{6} = \frac{10}{3}$ sowie $\frac{3}{1} - \frac{2}{6} = \frac{18}{6} - \frac{2}{6} = \frac{18-2}{6} = \frac{16}{6} = \frac{8}{3}$.

   Karin und Sophia erhalten also jeweils dieselben Ergebnisse.

   b) Weitere Kombinationen mit der Eigenschaft, dass sie beim Drehen der Steine dieselben Ergebnisse haben, sind (als Brüche geschrieben):

   $\frac{1}{1} \pm \frac{2}{2}$; $\frac{1}{1} \pm \frac{3}{3}$; $\frac{1}{1} \pm \frac{4}{4}$ und so weiter bis $\frac{5}{5} \pm \frac{6}{6}$;

   $\frac{1}{2} \pm \frac{4}{2}$;

   $\frac{1}{2} \pm \frac{6}{3}$;

   $\frac{2}{4} \pm \frac{6}{3}$.

   c) Wenn der Kehrwert des einen Bruches durch Kürzen den anderen Bruch ergibt beziehungsweise sich nach dem Kürzen des Kehrwertes des einen Bruches und der andere Bruch denselben Wert ergeben, dann ergeben sich beim Drehen der beiden Domino-Steine beim Addieren und Subtrahieren dieselben Ergebnisse.

ZU 14: ZAHLENMAUERN ZUR MULTIPLIKATION (S. 34)

$$\frac{1}{17280}$$
$$\frac{1}{72} \quad \frac{1}{240}$$
$$\frac{1}{6} \quad \frac{1}{12} \quad \frac{1}{20}$$
$$\frac{1}{2} \quad \frac{1}{3} \quad \frac{1}{4} \quad \frac{1}{5}$$
$$1 \quad \frac{1}{2} \quad \frac{2}{3} \quad \frac{3}{8} \quad \frac{8}{15}$$

$$1$$
$$\frac{1}{2} \quad 2$$
$$\frac{1}{3} \quad \frac{3}{2} \quad \frac{4}{3}$$
$$\frac{1}{4} \quad \frac{4}{3} \quad \frac{9}{8} \quad \frac{16}{27}$$
$$\frac{1}{5} \quad \frac{5}{4} \quad \frac{16}{15} \quad \frac{135}{128} \quad \frac{4096}{3645}$$

$$\frac{1}{2}$$
$$\frac{25}{2} \quad \frac{1}{25}$$
$$\frac{75}{4} \quad \frac{2}{3} \quad \frac{3}{50}$$
$$\frac{45}{4} \quad \frac{5}{3} \quad \frac{2}{5} \quad \frac{3}{20}$$
$$\frac{9}{2} \quad \frac{5}{2} \quad \frac{2}{3} \quad \frac{3}{5} \quad \frac{1}{4}$$

$$\frac{3}{500}$$
$$\frac{1}{20} \quad \frac{3}{25}$$
$$\frac{1}{6} \quad \frac{3}{10} \quad \frac{2}{5}$$
$$\frac{1}{3} \quad \frac{1}{2} \quad \frac{3}{5} \quad \frac{2}{3}$$
$$\frac{1}{2} \quad \frac{2}{3} \quad \frac{3}{4} \quad \frac{4}{5} \quad \frac{5}{6}$$

$$\frac{22}{7}$$
$$2 \quad \frac{11}{7}$$
$$\frac{1}{2} \quad 4 \quad \frac{11}{28}$$
$$\frac{11}{32} \quad \frac{16}{11} \quad \frac{11}{4} \quad \frac{1}{7}$$
$$\frac{11}{8} \quad \frac{1}{4} \quad \frac{64}{11} \quad \frac{121}{256} \quad \frac{256}{847}$$

$$\frac{17}{7}$$
$$17 \quad \frac{1}{7}$$
$$\frac{1}{2} \quad 34 \quad \frac{1}{238}$$
$$\frac{1}{34} \quad 17 \quad 2 \quad \frac{1}{476}$$
$$\frac{4}{289} \quad \frac{17}{8} \quad 8 \quad \frac{1}{4} \quad \frac{1}{119}$$

ZU 15: KREISRUND (S. 35)

1. Ergebnisse der Tabelle hängen von den mitgebrachten Gegenständen ab. Bei der Besprechung sollte die Problematik von Messfehlern und Messtoleranz thematisiert werden.

2. Bei den gegebenen Durchmessern ergeben sich jeweils für den Umfang der Kreise:
   - $U = 3\frac{1}{7} \cdot 14\text{ cm} = \frac{22}{7} \cdot 14\text{ cm} = 44\text{ cm}$
   - $U = 3\frac{1}{7} \cdot 1\frac{3}{4}\text{ cm} = \frac{22}{7} \cdot \frac{7}{4}\text{ cm} = \frac{11}{2}\text{ cm} = \frac{51}{2}\text{ cm}$
   - $U = 3\frac{1}{7} \cdot 3\frac{1}{7}\text{ dm} = \frac{22}{7} \cdot \frac{22}{7}\text{ dm} = \frac{484}{49}\text{ dm} = \frac{943}{49}\text{ dm}$
   - $U = 3\frac{1}{7} \cdot 7\frac{1}{2}\text{ m} = \frac{22}{7} \cdot \frac{15}{2}\text{ m} = \frac{165}{7}\text{ m} = \frac{234}{7}\text{ m}$

3. Für die Durchmesser ergeben sich wegen $d = U : 3\frac{1}{7}$:

   - $d = 22\text{ cm} : 3\frac{1}{7} = 22\text{ cm} : \frac{22}{7} = 22\text{ cm} \cdot \frac{7}{22} = 7\text{ cm}$
   - $d = 1\text{ dm} : 3\frac{1}{7} = 1\text{ dm} : \frac{22}{7} = 1\text{ dm} \cdot \frac{7}{22} = \frac{7}{22}\text{ dm}$
   - $d = \frac{3}{14}\text{ m} : 3\frac{1}{7} = \frac{3}{14}\text{ m} : \frac{22}{7} = \frac{3}{14}\text{ m} \cdot \frac{7}{22} = \frac{3}{44}\text{ m}$
   - $d = 6\frac{2}{7}\text{ m} : 3\frac{1}{7} = \frac{44}{7}\text{ m} : \frac{22}{7} = \frac{44}{7}\text{ m} \cdot \frac{7}{22} = 2\text{ m}$

4. $U = 3\frac{1}{7} \cdot 768\,800\text{ km} = \frac{22}{7} \cdot 768\,800\text{ km} = \frac{16\,913\,600}{7}\text{ km} = 2\,416\,228\frac{4}{7}\text{ km} \approx 2\,416\,000\text{ km}$

   Der Mond legt also eine Strecke von ungefähr 2 416 000 km während einer Umrundung der Erde zurück.

5. $d = U : 3\frac{1}{7} = 40\,000\text{ km} : 3\frac{1}{7} = 40\,000\text{ km} : \frac{22}{7} = 40\,000 \cdot \frac{7}{22} = \frac{140\,000}{11}\text{ km} = 12\,727\frac{3}{11}\text{ km} \approx 13\,000\text{ km}$

   Der Erddurchmesser beträgt also ungefähr 13 000 km.

ZU 16: WÜRFELAUFGABEN (S. 37)

Lösungen hängen von Würfelergebnissen ab.

ZU 17: „ICH RECHNETE SCHON OFT MIT BRÜCHEN" (S. 39)

a)	$\frac{7}{8} - \frac{1}{2} = \frac{3}{8}$	H	b)	$\frac{5}{6} \cdot \frac{3}{10} = \frac{1}{4}$	E	c)	$\frac{13}{10} - \frac{4}{5} = \frac{1}{2}$	I
d)	$\frac{3}{8} + \frac{7}{10} = \frac{43}{40}$	N	e)	$\frac{1}{2} + \frac{1}{4} - \frac{1}{8} = \frac{5}{8}$	Z	f)	$\frac{2}{3} - \frac{5}{12} = \frac{1}{4}$	E
g)	$\frac{6}{25} \cdot \frac{10}{25} = \frac{4}{45}$	R	h)	$\frac{9}{20} : \frac{6}{5} = \frac{3}{8}$	H	i)	$\frac{2}{7} + \frac{1}{10} = \frac{27}{70}$	A
j)	$\frac{56}{45} : 14 = \frac{4}{45}$	R	k)	$\frac{20}{17} : \frac{5}{34} = 8$	D	l)	$\frac{3}{8} \cdot \frac{2}{9} = \frac{1}{12}$	T

Das Lösungswort ist Heinz Erhardt. Er war ein deutscher Kabarettist, Schauspieler und Dichter. Geboren wurde er am 20. Februar 1909 in Riga, gestorben ist er am 5. Juni 1979 in Hamburg. „Der Mathematiker" ist ein Gedicht von ihm über einen Mathematiker, der sich die Beine bricht und mit solchen Brüchen rechnete er – im Gegensatz zu den mathematischen Objekten – aber nicht.

ZU 18: IMMER WEITER … (S. 40)

$a \xrightarrow{\frac{11}{12}} s \xrightarrow{\frac{3}{8}} k \xrightarrow{\frac{7}{24}} y \xrightarrow{\frac{21}{10}} d \xrightarrow{\frac{21}{10}} n \xrightarrow{\frac{9}{8}} f \xrightarrow{\frac{5}{24}} o \xrightarrow{\frac{5}{12}} b \xrightarrow{\frac{5}{4}} t \xrightarrow{\frac{1}{4}} l \xrightarrow{\frac{1}{20}} q \xrightarrow{\frac{1}{6}} j$

$\xrightarrow{\frac{1}{8}} v \xrightarrow{\frac{1}{2}} i \xrightarrow{\frac{5}{36}} u \xrightarrow{\frac{1}{15}} h \xrightarrow{\frac{11}{30}} p \xrightarrow{\frac{5}{11}} g \xrightarrow{2} x \xrightarrow{\frac{24}{5}} e \xrightarrow{12} r \xrightarrow{\frac{8}{15}} m \xrightarrow{\frac{14}{15}} w \xrightarrow{\frac{2}{5}} c$

$\xrightarrow{\frac{2}{15}} z \xrightarrow{\frac{2}{3}} a$

ZU 19: RECHENTABELLEN (S. 41)

+	$\frac{1}{3}$	$\frac{1}{6}$	$\frac{2}{3}$	$\frac{3}{4}$
$\frac{1}{2}$	$\frac{5}{6}$	$\frac{2}{3}$	$\frac{7}{6}$	$\frac{5}{4}$
$\frac{2}{3}$	1	$\frac{5}{6}$	$\frac{4}{3}$	$\frac{17}{12}$
$\frac{5}{6}$	$\frac{7}{6}$	1	$\frac{3}{?}$	$\frac{19}{12}$
$\frac{5}{12}$	$\frac{3}{4}$	$\frac{7}{12}$	$\frac{13}{12}$	$\frac{7}{6}$

–	$\frac{1}{4}$	$\frac{1}{5}$	$\frac{2}{5}$	$\frac{1}{2}$
$\frac{1}{2}$	$\frac{1}{4}$	$\frac{3}{10}$	$\frac{1}{10}$	0
$\frac{3}{4}$	$\frac{1}{2}$	$\frac{11}{20}$	$\frac{7}{20}$	$\frac{1}{4}$
$\frac{4}{5}$	$\frac{11}{20}$	$\frac{3}{5}$	$\frac{2}{?}$	$\frac{3}{10}$
$\frac{7}{10}$	$\frac{9}{20}$	$\frac{1}{2}$	$\frac{3}{10}$	$\frac{1}{5}$

·	$\frac{1}{3}$	$\frac{4}{5}$	$\frac{2}{3}$	$\frac{9}{10}$
$\frac{1}{4}$	$\frac{1}{12}$	$\frac{1}{5}$	$\frac{1}{6}$	$\frac{9}{40}$
$\frac{3}{5}$	$\frac{1}{5}$	$\frac{12}{25}$	$\frac{2}{5}$	$\frac{27}{50}$
$\frac{5}{6}$	$\frac{5}{18}$	$\frac{2}{3}$	$\frac{5}{9}$	$\frac{3}{4}$
$\frac{1}{8}$	$\frac{1}{24}$	$\frac{1}{10}$	$\frac{1}{12}$	$\frac{9}{80}$

:	$\frac{1}{5}$	$\frac{2}{3}$	$\frac{3}{4}$	$\frac{1}{3}$
$\frac{1}{4}$	$\frac{5}{4}$	$\frac{3}{8}$	$\frac{1}{3}$	$\frac{3}{4}$
$\frac{5}{6}$	$\frac{25}{6}$	$\frac{5}{4}$	$\frac{10}{9}$	$\frac{5}{2}$
$\frac{5}{8}$	$\frac{25}{8}$	$\frac{15}{16}$	$\frac{5}{6}$	$\frac{15}{8}$
$\frac{3}{10}$	$\frac{3}{2}$	$\frac{9}{20}$	$\frac{2}{5}$	$\frac{9}{10}$

ZU 20: MEHR ODER WENIGER (S. 42)

$\frac{6}{25} \cdot 15 = \frac{18}{5}$

$\frac{1}{2} - \frac{1}{3} = \frac{1}{6}$

$\frac{9}{7} : 3 = \frac{3}{7}$

$\frac{1}{2} - \frac{1}{4} - \frac{1}{8} = \frac{1}{8}$

$\frac{2}{3} : 2 = \frac{1}{3}$

$\frac{7}{8} - \frac{1}{2} = \frac{3}{8}$

$\frac{7}{2} : \frac{3}{2} = \frac{7}{3}$

$\frac{1}{2} \cdot \frac{1}{3} = \frac{1}{6}$

$\frac{5}{6} + \frac{1}{3} = \frac{7}{6}$

$\frac{1}{2} \cdot \frac{2}{3} \cdot \frac{3}{4} = \frac{1}{4}$

$\frac{4}{5} - \frac{2}{5} = \frac{2}{5}$

$\frac{13}{12} - \frac{3}{4} = \frac{1}{12}$

$\frac{1}{2} + \frac{1}{4} + \frac{1}{8} = \frac{7}{8}$

$\frac{2}{3} \cdot \frac{1}{2} = \frac{4}{3}$

$2 \cdot \frac{1}{8} = \frac{1}{4}$

$\frac{1}{4} + \frac{2}{4} + \frac{3}{4} = \frac{7}{4}$

$\frac{1}{2} + \frac{1}{3} = \frac{5}{6}$

$\frac{1}{3} \cdot \frac{1}{6} = \frac{1}{18}$

$\frac{1}{2} + \frac{1}{4} - \frac{1}{8} = \frac{5}{8}$

$\frac{4}{9} + \frac{1}{9} = \frac{5}{9}$

$\frac{4}{10} + \frac{5}{10} = \frac{9}{10}$

$\frac{1}{3} - \frac{1}{6} = \frac{1}{6}$

$1 : \frac{3}{4} = \frac{4}{3}$

$\frac{1}{5} : \frac{1}{2} = \frac{1}{2}$

$\left(\frac{3}{4} - \frac{1}{4}\right) : 3 = \frac{1}{6}$

$\left(\frac{5}{6} - \frac{1}{6}\right) : \frac{1}{2} = \frac{4}{3}$

$\frac{3}{4} : 6 = \frac{1}{8}$

$\frac{1}{6} + \frac{1}{3} = \frac{1}{2}$

$\frac{7}{8} \cdot 2 = \frac{7}{4}$

$\frac{1}{2} : \frac{1}{4} = 2$

$\frac{7}{8} : \frac{1}{6} = 2$

$\frac{1}{2} - \frac{1}{4} = \frac{1}{4}$

$\frac{1}{6} + \frac{1}{6} + \frac{1}{6} = \frac{1}{2}$

$\frac{1}{8} \cdot 4 = \frac{1}{2}$

$4 \cdot \left(\frac{1}{8} + \frac{3}{8}\right) = 2$

$\frac{1}{2} : \frac{1}{3} = \frac{3}{2}$

$\frac{11}{12} - \frac{5}{12} = \frac{1}{2}$ $\frac{1}{2} + \frac{1}{4} = \frac{3}{4}$ $\frac{3}{4} \cdot \frac{1}{2} = \frac{3}{8}$ $\frac{3}{4} : \frac{3}{2} = \frac{1}{2}$

$\frac{1}{2} \cdot \frac{1}{4} = \frac{1}{8}$ $\frac{3}{10} \cdot 2 = \frac{3}{5}$ $\frac{4}{3} \cdot \left(\frac{3}{4} + \frac{3}{4}\right) = 2$ $\frac{5}{6} \cdot 2 = \frac{5}{3}$

$\frac{13}{7} \cdot \frac{19}{13} = \frac{19}{7}$ $\frac{7}{13} + \frac{18}{13} = \frac{25}{13}$ $\frac{1}{3} \cdot \frac{1}{3} \cdot \frac{1}{3} = \frac{1}{27}$ $\frac{19}{6} : \frac{27}{6} = \frac{19}{27}$

ZU 21: FEHLERTEUFEL (S. 45)

I. Brüche wurden nicht erweitert, Nenner wurden addiert;
korrigierte Rechnung: $\frac{3}{4} + \frac{2}{7} = \frac{21}{28} + \frac{8}{28} = \frac{29}{28}$.

II. Nenner wurden vergessen zu multiplizieren;
korrigierte Rechnung: $\frac{2}{7} \cdot \frac{5}{7} = \frac{10}{49}$.

III. Zähler wurden addiert statt multipliziert;
korrigierte Rechnung: $\frac{3}{7} \cdot \frac{2}{11} = \frac{6}{77}$.

IV. Es wurde gekürzt, bevor der Kehrwert gebildet wurde;
korrigierte Rechnung: $\frac{15}{14} : \frac{20}{21} = \frac{15}{14} \cdot \frac{21}{20} = \frac{^{3}\not{15}}{_{2}\not{14}} \cdot \frac{\not{21}^{3}}{\not{20}^{4}} = \frac{3}{2} \cdot \frac{3}{4} = \frac{3 \cdot 3}{2 \cdot 4} = \frac{9}{8}$.

V. richtig

VI. Falsch gekürzt statt auf gleiche Nenner zu erweitern;
korrigierte Rechnung: $\frac{3}{8} + \frac{1}{3} = \frac{9}{24} + \frac{8}{24} = \frac{9+8}{24} = \frac{17}{24}$.

VII. Es wurde beim falschen Bruch der Kehrwert gebildet;
korrigierte Rechnung: $\frac{2}{5} : \frac{3}{10} = \frac{2}{5} \cdot \frac{10}{3} = \frac{2}{\not{5}^{1}} \cdot \frac{\not{10}^{2}}{3} = \frac{2}{1} \cdot \frac{2}{3} = \frac{2 \cdot 2}{1 \cdot 3} = \frac{4}{3}$.

VIII. richtig

IX. Distributivgesetz falsch angewendet;
korrigierte Rechnung: $\frac{5}{4} \cdot \left(\frac{3}{5} - \frac{3}{10}\right) = \frac{5}{4} \cdot \frac{3}{5} - \frac{5}{4} \cdot \frac{3}{10} = \frac{5 \cdot 3}{4 \cdot 5} - \frac{5 \cdot 3}{4 \cdot 10} =$
$\frac{^{1}\not{5} \cdot 3}{4 \cdot \not{5}^{1}} - \frac{^{1}\not{5} \cdot 3}{4 \cdot \not{10}^{2}} = \frac{3}{4} - \frac{3}{8} = \frac{6}{8} - \frac{3}{8} = \frac{6-3}{8} = \frac{3}{8}$.

X. Auch die Nenner wurden subtrahiert, das vorherige Erweitern fehlt;
korrigierte Rechnung: $\frac{9}{15} - \frac{3}{10} = \frac{18}{30} - \frac{9}{30} = \frac{18-9}{30} = \frac{9}{30} = \frac{3}{10}$.

XI. richtig

XII. Es wurden die Nenner statt der Zähler addiert;
korrigierte Rechnung: $\frac{2}{15} + \frac{2}{3} = \frac{4}{30} + \frac{20}{30} = \frac{4+20}{30} = \frac{24}{30} = \frac{4}{5}$.

XIII. richtig